生态环境重大工程组织管理系列丛书

生态治理工程全过程管理与实践
——以颜春岭垃圾填埋场为例

徐怒潮　葛立军　张建江　丁贞玉　应小军　付全凯　等 著

中国环境出版集团 · 北京

图书在版编目（CIP）数据

生态治理工程全过程管理与实践 ：以颜春岭垃圾填埋场为例 / 徐怒潮等著. -- 北京 ：中国环境出版集团, 2025. 12. --（生态环境重大工程组织管理系列丛书）.
ISBN 978-7-5111-6250-2

Ⅰ. X705

中国国家版本馆 CIP 数据核字第 2025Z79H07 号

责任编辑 孔 锦
封面设计 岳 帅

出版发行 中国环境出版集团
（100062 北京市东城区广渠门内大街 16 号）
网　　址：http://www.cesp.com.cn
电子邮箱：bjgl@cesp.com.cn
联系电话：010-67112765（编辑管理部）
发行热线：010-67125803，010-67113405（传真）
印　　刷 北京中献拓方科技发展有限公司
经　　销 各地新华书店
版　　次 2025 年 12 月第 1 版
印　　次 2025 年 12 月第 1 次印刷
开　　本 787×960 1/16
印　　张 6.75
字　　数 110 千字
定　　价 69.00 元

著者委员会

主　任

徐怒潮　葛立军　张建江

副主任

丁贞玉　应小军　付全凯

著　者

生态环境部环境规划院

孙　宁　尹惠林　范　云　郝占东　肖传宁　李孝梅

中电建建筑集团有限公司

余泽洋　尚　昊　史乃明　闫小刚　祁　乐　杨　寒

刘海宁　琚　灏　钟剑锋　姜庆同　边世学　于许辉

宋晓强　李猛飞

浙江起杭数智科技有限公司

魏兴刚

序 言

生态环境重大工程是国家中长期规划的重要组成部分、体现了中国特色的制度安排，也是五年生态环境保护规划的实施重要支撑。重大生态工程的实施是加速国家生态保护与恢复、推进“美丽中国”生态文明建设的重要举措。随着生态环境重大工程的不断探索和持续推进，我国的生态文明建设和生态环境保护工作已从局部、分散、碎片化的治理项目转变为整体、多目标协同、系统性的治理工程，生态环境重大工程已被正式纳入国家和省级发展规划中。为了加强项目落地的基础和提升项目质量，生态环境重大工程的管理模式已初步发展为项目储备、实施监管、绩效考评“三管”齐下的格局，探索构建了重大工程全过程管理模式，并将提升重大工程项目的实施绩效作为主要考核目标。但生态环境重大工程项目的实施仍面临制度建设不系统、标准制定不完善及绩效评估体系不健全等问题，阻碍了“工程决策—工程设计—工程施工—维护管理—绩效评估”全过程管理模式的有效实施，限制了工程项目生态环境的整体改善与提升。因此，建立健全全方位、全地域、系统性的生态环境重大工程全过程管理体系，是打破重大工程项目靶向落地难和效益考核难的“双难”局面的重要手段。

为此，生态环境部环境规划院生态环境工程咨询中心通过对生态环境重大工程全过程工程咨询服务模式开展系统的理论研究和实践探索，编写了《生态治理工程全过程管理与实践——以颜春岭垃圾填埋场为例》一书，深刻认识重大工程顺利实施对生态文明建设和美丽中国建设的正向激励作用，基于颜春岭垃圾填埋场环境治理和生态修复工程开展全过程咨询管理创新探索与实践，总结并形成了可复制、可推广的全过程工程咨询实操经验和做法，为不断开创新时代美丽中国建设新局面和生态产品价值的实现与转化发挥重要作用。

前 言

在生态文明建设上升为国家战略的背景下，生态治理工程已成为破解城市环境顽疾、实现可持续发展的重要抓手。海口市颜春岭生活垃圾填埋场作为海南省重要的生活垃圾处置设施，自 2001 年投运以来，累计填埋生活垃圾及焚烧飞灰等废弃物达 630.6 万 t，服务海口市及澄迈县近 20 年（至 2020 年 12 月底关停），为区域环卫事业和城市发展作出了重要贡献。然而，长期超负荷运行导致填埋场远超设计库容，形成了高达 55 m 的“垃圾山”，渗滤液积存、填埋气逸散、堆体失稳等问题日益突出，对周边地下水、大气及生态环境构成严重威胁。在此背景下，海口市人民政府于2022年启动了颜春岭填埋场环境治理与生态修复工程，旨在彻底消除环境风险，推动区域生态环境质量持续改善，打造国内存量垃圾治理的标杆示范项目。作为国内首个集超大规模垃圾开挖、好氧稳定化、垂直防渗与生态修复于一体的综合治理项目，颜春岭工程不仅解决了填埋场的历史遗留问题，更探索出一条“技术集成化、管理精细化、效益多元化”的治理路径。

本书系统梳理了颜春岭生活垃圾填埋场生态治理工程的背景、技术路线、实施策略，重点介绍了全过程管理咨询的工作内容及方法，其经验可为同类填埋场治理提供重要参考，也为推动“无废城市”建设、实现碳达峰碳中和目标贡献实践智慧。本书既是对项目技术体系与全过程管理模式的系统性总结，更是对新时代生态文明思想的积极响应。

本书共分为 9 章。第 1 章由肖传宁、孙宁、佘泽洋、尚昊撰写，第 2 章由应小军、史乃明、刘海宁、姜庆同、边世学撰写，第 3 章由徐怒潮、丁贞玉、郝占东撰写，第 4 章由尹惠林、付全凯撰写，第 5 章由张建江、闫小刚、琚灏、于许辉、宋晓强、李猛飞撰写，第 6 章由付全凯、祁乐、杨寒撰写，第 7 章由葛立军、尹惠林撰写，第 8 章由范云、钟剑锋撰写，第 9 章由丁贞玉、魏兴刚、李孝梅、徐怒潮撰写。全书由徐怒潮定稿。

本书的编写得到了海口市城市管理局副局长刘晓华，海口市城市建设投资集团有限公司韦进、孙晓彬等同志的大力支持和帮助，在此表示衷心的感谢！

限于著者能力，书中难免存在不足之处，敬请广大读者批评指正！

著　者

2025 年 1 月

目 录

1 垃圾填埋场治理背景

1.1 项目背景

海口市颜春岭垃圾填埋场位于海口市澄迈县老城开发区。该填埋场主要处理海口市城市生活垃圾及澄迈县部分生活垃圾，是按照规范设计建设的无害化垃圾卫生填埋场，设计库容为 303.74 万 m^3，设计使用年限为 10 年。该填埋场于 2001 年 5 月投入使用，2007 年被建设部评定为 I 级无害化卫生填埋场，2020 年 12 月底关停，累计服务近 20 年，为海口市及澄迈县的环卫事业及城市发展作出了贡献。然而，长期超负荷运行导致填埋场存在较大的环境风险及安全隐患，实际填埋场总库容已远超设计库容，形成了高于海口市南二环路地面约 55 m 的“垃圾山”。

生态环境部及海南省生态环境厅先后下发《关于通报海口市垃圾焚烧企业及颜春岭垃圾填埋场周边环境问题的函》（环办执法函〔2019〕296 号）、《海南省生态环境厅关于依法调查处理中电国际新能源海南有限公司等 2 家企业涉嫌环境违法行为和督促环境问题整改的函》（琼环函〔2019〕95 号）、《中共海南省委办公厅　海南省人民政府办公厅关于印发〈海南省贯彻落实习近平总书记对海南生态环境保护重要批示精神专项整改方案〉〈海南省贯彻落实中央第三生态环境保护督察组督察报告整改方案的通知〉》（琼办发〔2020〕58 号）等函件，相关函件均提出，堆体存在超库容、稳定性风险，以及臭气和渗滤液隐患问题，这些问题突出且紧迫。2018 年，海口市启动了颜春岭垃圾填埋场应急整治工程，并于 2020 年 4 月完工。该工程在填埋库区东、西、北侧建设了截洪沟，对堆体实施了膜覆盖，防止垃圾滑坡，实现雨污分流，有效收集渗滤液并进行无害化处理，降低了安全和环保隐患。由于超库容问题仍未从根本上解决，填埋场的环境和安全隐患仍然存在。颜春岭垃圾填埋场多次出现环境投诉事件，造成了一定的社会影响，也给政府工作及城市发展带来了较大的阻力。

为全面贯彻落实海南省委、省政府关于中央生态环境保护督察反馈问题整改工作的决策部署，从根本上解决颜春岭垃圾填埋场的环境影响问题，确保该区域生态环境持续改善。自 2022 年起，海口市人民政府启动了颜春岭垃圾填埋场环境治理和生态修复工程，并同时开展了全过程环保管理咨询工作。

1.2 填埋场基本情况

1.2.1 填埋场范围

颜春岭垃圾填埋场位于澄迈县老城开发区南二环颜春岭路段，垃圾填埋区位于颜春岭西北面的斜坡。该填埋场建成之初，地块内仅包含垃圾填埋区、渗滤液处理厂及生活办公区等建筑设施。自 2010 年以来，地块内陆续建成了生活垃圾焚烧厂及海口市医疗废物处置中心。生活垃圾焚烧厂紧邻垃圾填埋区西侧，两者距离约 80 m，由中电国际新能源海南有限公司负责运营。目前，生活垃圾焚烧厂的一期、二期工程已建成并投入使用，三期工程处于建设期。海口市医疗废物处置中心位于地块内南侧，紧邻垃圾填埋区西南角。2013 年，南二环路开工建设，自东向西横穿渗滤液处理厂和垃圾填埋区中间地带，将填埋场一分为二：北侧为渗滤液处理厂和生活办公区，南侧为垃圾填埋区、生活垃圾焚烧厂及海口市医疗废物处置中心（图 1-1）。

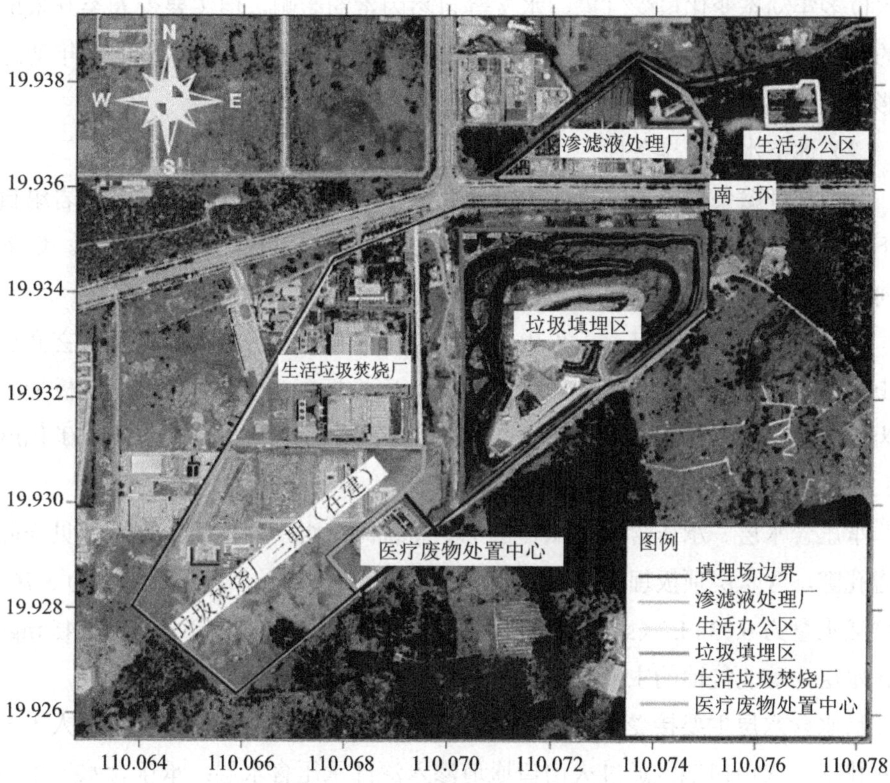

图 1-1 垃圾填埋场平面布置

1.2.2 填埋场水文地质特征

（1）地下水动态特征

填埋场区域地下水主要受大气降水与人工排泄的影响。

①潜水含水层水位动态特征。潜水含水层水位主要受降水影响，呈季节性变化，在一个水文年内，水位通常会经历一次上升期和一次下降期，一般在每年 11 月至次年 4 月水位达到最低值，每年 5—10 月的汛期为主要补给期，此时水位开始上升并达到峰值。

②承压含水层水位动态特征。根据区域地下水水位动态监测数据，地下水水位标高的总体呈不断波动下降的趋势，且地下水水位出现异常涨落现象。其地下

水水位多年动态变化虽受气象、水文等自然因素的影响，但主要受人类开采地下水的影响。补给条件的变化以及不同时期的开采状况对地下水水位的多年动态变化影响显著，承压含水层水位多年平均下降速率为 0.45 m/a。

（2）地下水补径排条件

含水层埋藏条件不同，其水力性质和储水与出水机制则不同。含水岩组自上而下分为火山岩孔洞裂隙潜水含水层、上更新统海口组孔隙承压含水层。地下水流向基本是自颜春岭火山口向东、西、北方向流动。

潜水含水层。潜水赋存于火山岩孔洞裂隙含水岩组，岩性为气孔状玄武岩及火山角砾岩，含水顶板最大埋深为 31.04 m，底板标高为 45～47.5 m，底板最大埋深为 36.85 m，单位涌水量为 0.009 L/（s·m），水化学类型为 HCO_3-Ca，矿化度为 156.24 mg/L。

承压含水层。承压含水层赋存于上更新统海口组，岩性为中粗砂、贝壳碎屑砂岩孔隙，含水层顶板埋深为 85 m，顶板标高为−9.71 m，含水层厚度为 3.76 m，单位涌水量为 0.034 L/（s·m），水化学类型为 HCO_3-Ca·Mg，矿化度为 245 mg/L。该含水层为琼北盆地的主要开采层。

潜水含水层主要接受大气降水补给，向沟谷、低洼处排泄，以泉或人工开采方式排泄，火山口地区通过火山口通道渗入深部承压含水层；承压含水层主要接受潜水补给或侧向补给，排泄于海或通过人工开采的方式排泄。

1.2.3 填埋场土地利用历史概况

颜春岭垃圾填埋场用地性质为工业发展备用地，建设之前的土地为密植人工林。填埋场于 1998 年开始建设，其中，渗滤液处理厂于 2002 年建成投用，2006 年 11 月渗滤液处理厂进行工艺提标改造，并于 2007 年 7 月完成改造后正式运行。2014 年 6 月渗滤液处理厂再次进行提标扩容改造，2016 年 11 月启动渗滤液处理厂二期建设，于 2017 年 8 月建成投产。

收集了颜春岭垃圾填埋场 2009—2020 年（缺 2012 年）的历史影像（图 1-2～图 1-12）。从 2009 年的历史影像图可以看出，颜春岭垃圾填埋场地块内已有垃圾填埋区、渗滤液处理厂和办公生活区 3 个功能区，其余部分为空地（图 1-13）。2010 年中电国际新能源海南有限公司开始在颜春岭垃圾填埋场地块内垃圾填埋区西侧建设垃圾焚烧厂一期工程，该工程于2011年6月投入使用。2014年，开始建设垃圾焚烧厂二期工程，二期工程紧邻一期工程南侧，位于垃圾填埋区西侧，并于2016年4月投入使用，目前垃圾焚烧厂三期工程正在建设中。根据历史卫星影像，海南澄迈神州车用沼气有限公司位于垃圾填埋场场地外北侧富音路，该公司于2013年开工建设，主要利用农业、市政、餐厨废弃物制备沼气。海口市医疗废物处置中心也于2013年开工建设，位于垃圾填埋场场地西南侧。根据历史卫星影像，2013年南二环路开工建设，该道路自东向西横穿颜春岭垃圾填埋场北部垃圾处理站和垃圾填埋区中间地带，将垃圾填埋场分为北侧的渗滤液处理厂和办公生活区，以及南侧的垃圾填埋区、垃圾焚烧厂以及医疗废物处置中心。根据2010年、2011年、2013年的卫星图片和相关资料，南二环路在2013年建设时，从渗滤液处理厂西南侧的渗滤液调节池中间穿过，导致该渗滤液调节池被改为南二环路使用。

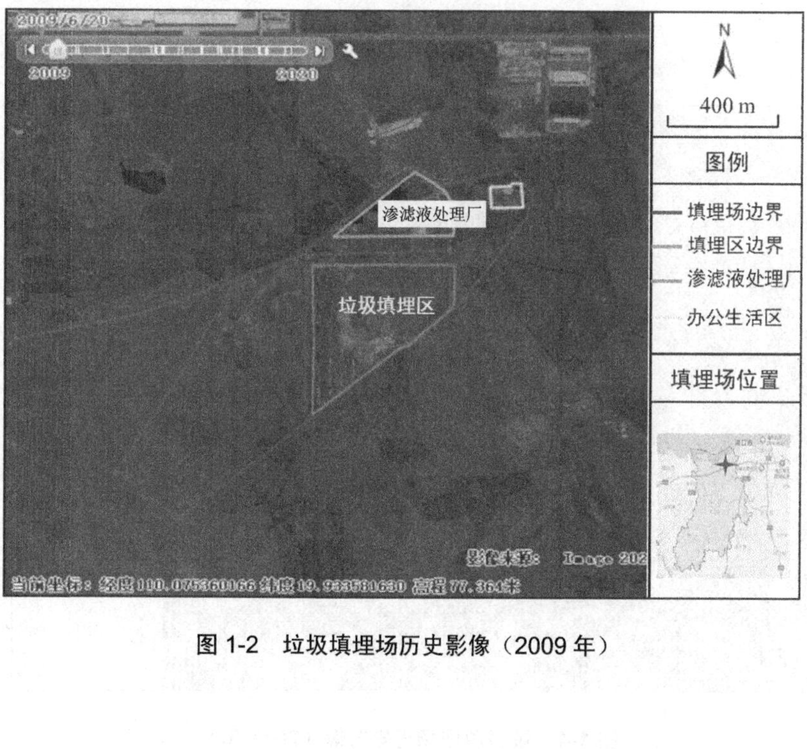

图1-2 垃圾填埋场历史影像（2009年）

图 1-3　垃圾填埋场历史影像（2010 年）

图 1-4　垃圾填埋场历史影像（2011 年）

图 1-5　垃圾填埋场历史影像（2013 年）

图 1-6　垃圾填埋场历史影像（2014 年）

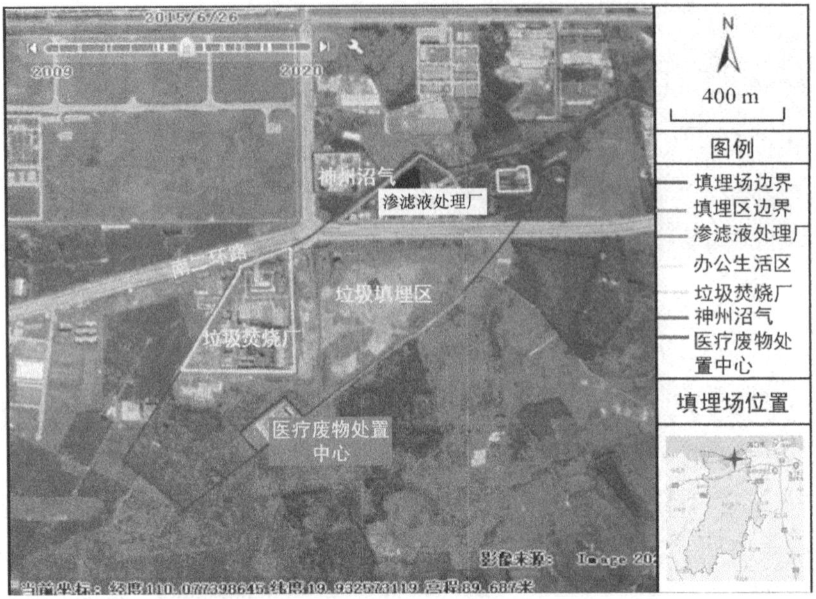

图 1-7　垃圾填埋场历史影像（2015 年）

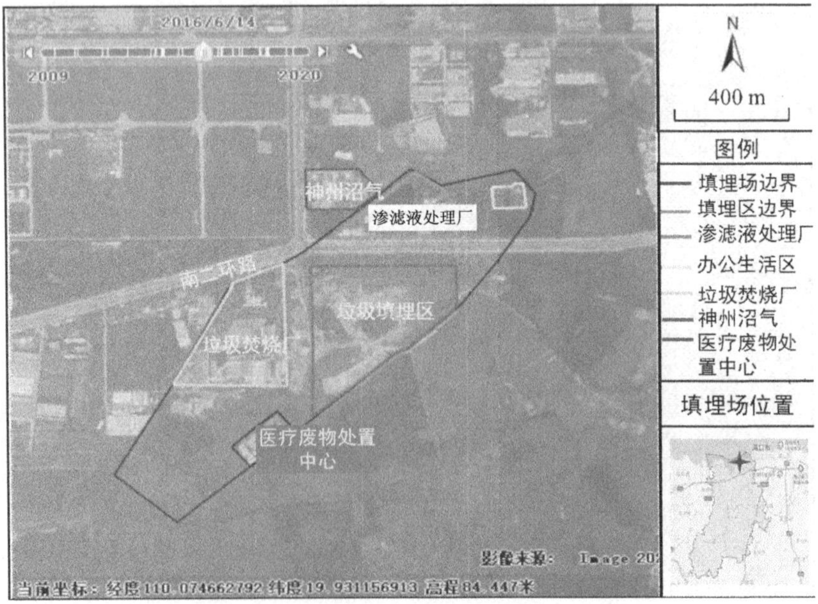

图 1-8　垃圾填埋场历史影像（2016 年）

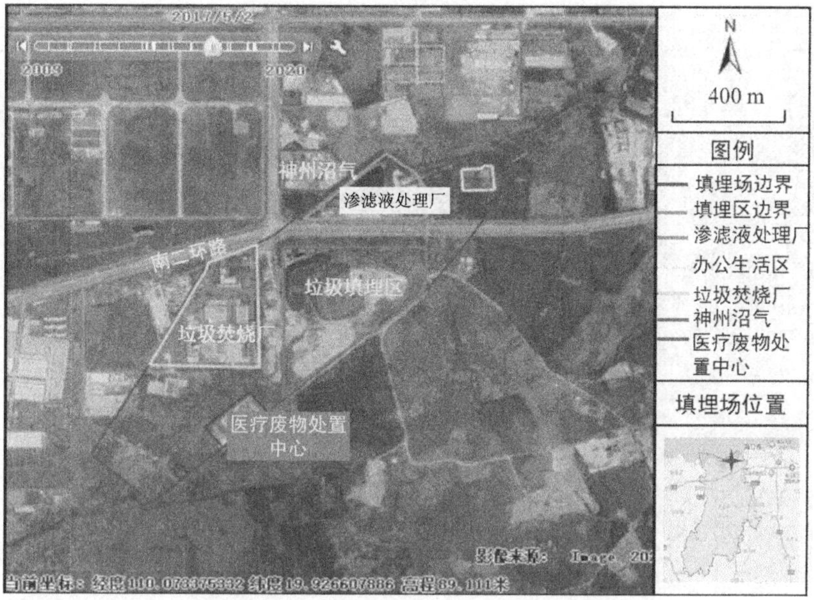

图 1-9 垃圾填埋场历史影像（2017 年）

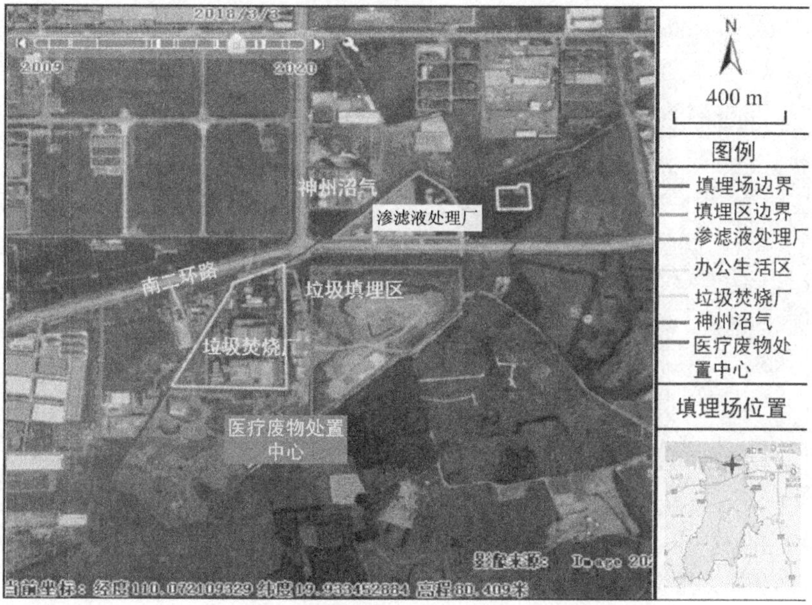

图 1-10 垃圾填埋场历史影像（2018 年）

图 1-11　垃圾填埋场历史影像（2019 年）

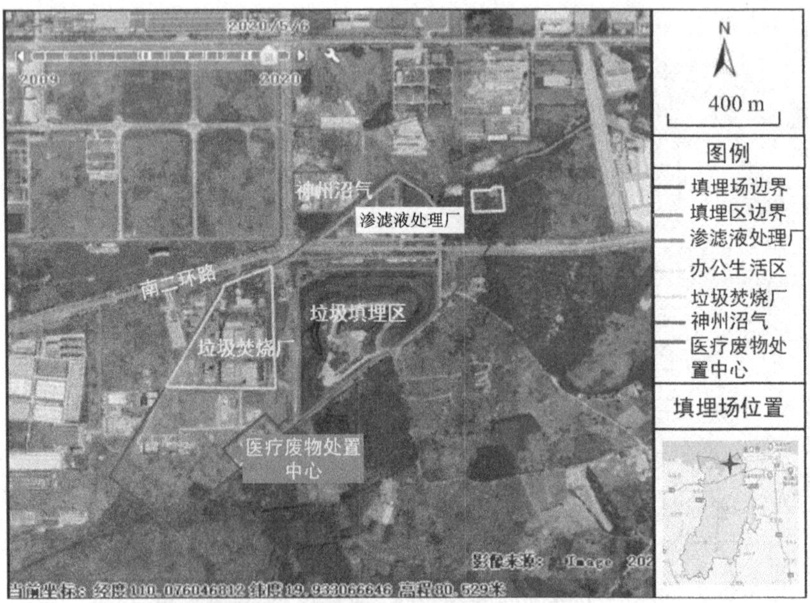

图 1-12　垃圾填埋场历史影像（2020 年）

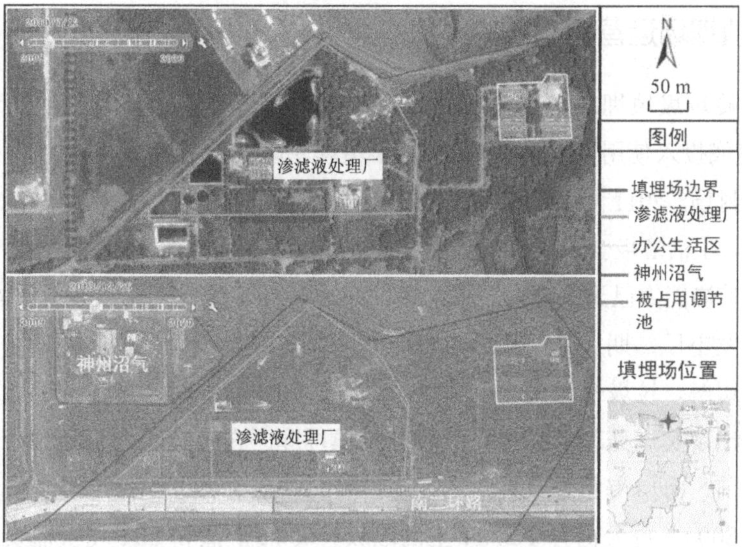

图 1-13 渗滤液处理厂被南二环占用的调节池

1.2.4 填埋场周边情况

距离填埋区边界最近的敏感点分别为西北方向约 1 200 m 处的仲音村和西侧约 1 100 m 处的孟乐水库（图 1-14）。

图 1-14 垃圾填埋场周边敏感点

1.2.5 填埋场运营情况

颜春岭垃圾填埋场主要负责消纳海口市和澄迈县两地产生的生活垃圾，自2001年建成投入使用以来，截至2020年填埋库区已使用近20年。在此期间该库区曾两次封场。2011年5—11月，垃圾焚烧发电厂一期（处理能力为1 200 t/d）建成投产后，生活垃圾全天候进入焚烧厂处理，填埋库区因此封闭。但由于城市垃圾量剧增，焚烧能力已无法满足需求，填埋库区不得不重新启用。2016年4—8月，垃圾焚烧发电厂二期（处理能力为 1 200 t/d）建成投产后，垃圾处理能力不足的情况得到缓解，垃圾全天候进入焚烧厂处理，其间填埋库区再度封闭了4个月，之后再次出现焚烧处理能力不足的情况，填埋库区在焚烧能力不足的情况下再次使用。目前，海口市和澄迈县两地日产垃圾总量已达4 000 t，可进焚烧厂处理的垃圾有2 800 t，每天仍有1 200 t生活垃圾、600 t炉渣和60 t飞灰需要进入库区填埋。2020年底，颜春岭垃圾填埋场正式关闭，不再接收垃圾（图1-15）。

图 1-15 垃圾堆体俯瞰图

根据相关统计资料，截至2020年10月颜春岭垃圾填埋场填埋生活垃圾、飞灰和生活垃圾焚烧炉渣共约630.6万t。海口市早期生活垃圾成分中动植物类比例较大，占一半以上，其次为煤灰渣和土类。在废品类中，纸和塑料比例较高，占1/2～2/3，废品类占垃圾总量的15%～25%。海口市生活垃圾的含水率为40%～50%，pH为中性，有机质含量较高，微量元素中锌、铜、铁、锰的含量较高，而镉和汞的含量较低。

颜春岭垃圾填埋场的垃圾填埋工艺流程主要包括检查垃圾特性、过磅称量、作业面倾倒、喷药灭虫、推平压实、渗滤液收集及覆土等。垃圾填埋工艺的具体流程如图1-16所示。

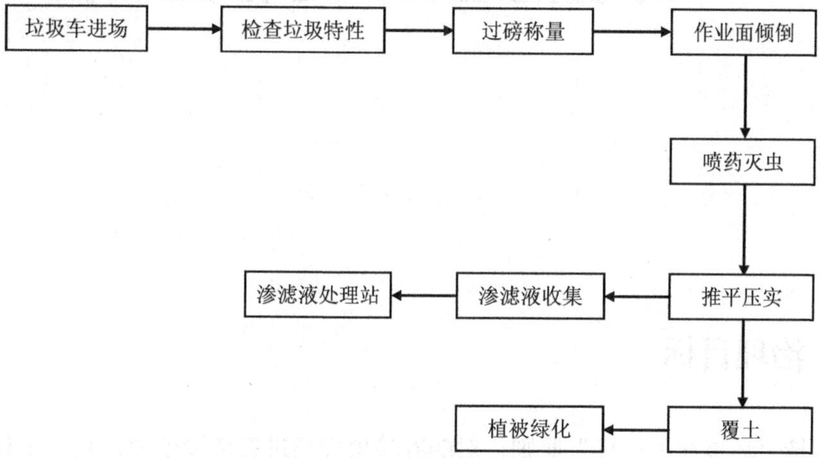

图1-16 垃圾填埋工艺流程

2 环境治理和生态修复工程

2.1 治理目标

坚持“环境质量达标”原则，对颜春岭填埋场进行环境治理，相关工程和技术指标达到《生活垃圾卫生填埋处理技术标准》(GB/T 50869—2013)的相应标准。

坚持存量垃圾“无害化”“减量化”“资源化”原则，在技术可行、经济合理的前提下治理填埋环境污染及安全隐患，使用技术达到国内先进水平，打造存量垃圾治理的示范项目。

坚持“生态友好”原则，对环境治理后的颜春岭垃圾填埋场进行生态修复，彻底消除垃圾长期堆填对该区域生态功能造成的影响，使其达到区域生态功能区划要求。

本工程针对颜春岭垃圾填埋场存量垃圾减量化、资源化、环境治理与生态修复，进行了多方案的技术可靠性、经济合理性及实施可行性的比较和论证，并进行了全面的方案设计。在此基础上，提出了推荐方案，确保所选用的方案科学合理、技术先进，使工程的社会效益、环境效益和经济效益达到最佳统一，高质量完成垃圾填埋场环境治理与生态修复目标，满足环境保护要求，促进社会和经济的可持续发展。同时，高质量的方案不仅可为生态环境主管部门的决策提供依据，又可为下一阶段的环境治理工作提供参考。

2.2 设计内容

在充分勘察与调研的基础上，遵循“减量化”“无害化”“资源化”原则，在技术可行、经济合理的前提下，开展颜春岭垃圾填埋场的环境整治和生态修复工程。该工程旨在解决填埋场堆体稳定性不足、臭气扩散、雨污不分流、渗滤液水位较高、填埋气收集能力差、地下水污染风险管控不足、舆情风险及社会稳定风险等问题，分别制定专项治理，为颜春岭垃圾填埋场提供了一个切实可行的解决方案，满足海口市对填埋场治理的迫切需求，致力于打造国内生活垃圾填埋场治理的示范工程。

（1）堆体稳定性不足

在全场布置渗滤液抽提井，通过快速抽排堆体内的渗滤液，有效降低堆体浮力，从而增强堆体的稳定性。对堆体垃圾进行分层分段开挖，严格控制开挖面的大小和形状，确保边坡的稳定性，防止滑坡等安全事故的发生。

（2）臭气扩散

为有效控制臭气外溢，应采取的措施有以下几方面。在开挖前，通过堆体降水措施减少堆体内的渗滤液，降低堆体浮力，同时利用好氧稳定化技术使填埋场在短时间内快速稳定，增强堆体的整体稳定性。在开挖过程中，采用精细化的室外垃圾堆体开挖施工组织，严格控制开挖面积，确保施工过程中的边坡稳定性和安全性。在非作业时间，对工作面进行临时覆盖，防止臭气外溢。在作业时间，结合好氧稳定化过程中的气体抽排系统，在工作面形成相对负压空间，进一步减少臭气的外溢。在堆体边界和作业面设置双重喷淋除臭及实时监控系统，形成臭气控制的双重屏障，确保臭气得到有效控制。对室内臭气采用常规且有效的负压抽吸结合喷淋除臭措施，确保室内空气质量符合标准。

（3）渗滤液水位较高

为降低渗滤液水位，主要通过堆体降水措施，减少堆体内的渗滤液，降低堆体浮力，采用定向水平管及垂直抽吸系统，将填埋场内的渗滤液有效排出堆体，从而增强堆体稳定性，减少填埋场的安全隐患。

（4）填埋气收集能力差

为提升填埋气的收集能力并降低相关风险，采取以下综合措施：采用主动抽排渗滤液及好氧稳定化技术对垃圾堆体进行预处理，降低有机物成分，从而减少填埋气体的安全隐患和相关风险；加强作业过程中的管控措施，确保甲烷浓度降至安全范围内，有效防止爆炸等安全事故的发生；对整个填埋场实行全场在线实时监控，并配备报警装置，以便提前预警，做到防患于未然。

（5）地下水污染风险

为有效管控地下水污染风险，采取以下综合措施：在填埋场周围设置垂直防渗帷幕，将填埋场与外界隔离，防止污染地下水的迁移；对填埋场进行规范化封场，减少雨水进入填埋堆体，从而逐步降低渗滤液的产量；通过渗滤液抽排措施，逐步将厂区内积存的渗滤液抽出，进一步控制地下水污染。本项目拟采用“HDPE土工膜-膨润土复合墙+高压帷幕灌浆+污染地下水抽排井+环境监测井”的技术组合，构建颜春岭垃圾填埋场地下水污染风险管控体系。该体系能够有效切断污染地下水的迁移路径，彻底实现填埋场地下水污染的风险管控。

（6）舆情风险及社会稳定风险

制定针对舆情风险及社会稳定风险的专项应急预案，同时，项目实施过程中持续开展公众参与，对群众的误解、担心和不合理诉求做好宣传、疏导、解释、说服等工作，消除群众对本项目的疑惑和顾虑，转变群众的思想观念。

2.3 堆体治理工程

（1）堆体治理要求

由于填埋场堆体库容已超过设计库容，为填埋场运行带来许多问题（如渗滤液和填埋气积存较大、填埋堆体稳定性较差等）。因此，在堆体开挖前，需要作出预判并采取措施，在实施过程中对各个环节进行把关。

填埋场垃圾开挖压缩转运必须是在消除安全隐患（如防止填埋气体燃烧爆炸等）和环境影响（如臭味控制、渗滤液导排处理、扬尘控制等）的条件下，对填埋堆体进行安全开采和转运。

目前，填埋体内渗滤液水位较高，必须先进行抽排，降低水位后才能维持好氧修复状态。渗滤液的抽排和处理是环境治理不可或缺的工程内容。在厌氧状态下的填埋体有恶臭，通过厌氧/好氧生物转化后恶臭浓度可大幅降低，但在开挖转运中还会散发臭味，需要在开挖过程中采取全场智能臭气控制系统进行控制的除臭措施。

（2）堆体治理工程内容

堆体渗滤液抽排工程（含处理）+整体好氧稳定化+局部加速好氧预处理+堆体开挖区域污染和安全控制（本书略）+全场智能化臭气控制+开挖转运过程粉尘及飘散垃圾的控制。

①堆体渗滤液抽排工程（含处理）。填埋体内渗滤液水位较高，部分区域水位深度为 14.1 m，堆体稳定性较差，必须先降低渗滤液水位，才能实施好氧稳定化工程，使堆体维持好氧状态。因此堆体渗滤液抽排工程（含处理）是十分必要的。

②整体好氧稳定化。对填埋场整体实施好氧稳定化工程，加速填埋堆体反应，减少堆体内臭气产生，增加堆体边坡稳定性，使填埋场在短时间内达到稳定，并具备开挖条件。

③局部加速好氧预处理。对准备开挖区域经加速好氧预处理 2 周后，垃圾内的有机物在短时间内迅速降解，含水率进一步下降，达到可以开挖或进行整体好氧稳定化的条件，方便后续进行开挖或整体好氧稳定化工程的实施。

④全场智能化臭气控制。填埋场临时封场覆盖后处于厌氧状态，堆体内产生大量填埋气和渗滤液，臭味较大。虽然渗滤液和填埋气的导排以及好氧生物处理后恶臭浓度大幅降低，但由于好氧处理时间较短，在开挖过程中仍存在一部分臭味，需要随时采取相应的臭气收集和处理措施。

⑤开挖转运过程中粉尘及飘散垃圾的控制。本工程开挖属于土方工程，不可避免会产生大量的粉尘与飘散垃圾，需要对其进行控制。

2.4 超库容垃圾开挖工程

在充分勘察与调研的基础上，在技术可行、经济合理的前提下，经过堆体渗滤液降水抽排后，开挖超设计库容部分的生活垃圾及飞灰。鉴于本项目开挖量较大，为选择更科学的开挖后垃圾处置方式，本着彻底解决颜春岭垃圾堆体超高超容及臭气、渗滤液等污染物对周边环境造成污染问题的原则，将垃圾堆体开挖后处置方案如下。

（1）开挖对象

固化飞灰约 11.83 万 t，开挖后转运至琼海市飞灰填埋场填埋处置；除去飞灰后，超容垃圾为 2017—2020 年填埋的新鲜垃圾和部分陈腐垃圾（为开挖东侧埋深较深的飞灰所挖垃圾）。开挖后直接（无须筛分）运至海南省北部 5 座焚烧厂进行焚烧。

剩余垃圾为 2001—2017 年的陈腐垃圾 428.51 万 t，采用规范化封场技术进行治理，通过好氧稳定化技术使堆体加速稳定，同时采用堆体整形、防渗覆盖系统（HDPE 土工膜-膨润土复合防渗）、渗滤液导排、地表水导排、生态恢复的技术路线将堆体进行规范化封场。

（2）开挖要求

①开挖方式。垃圾堆体不稳定或欠稳定的区域，应根据堆体边坡的特征和可能发生的破坏情况，采用自上而下、分段跳槽的施工方式，严禁无序大开挖作业。边坡开挖工程应有临时性排水及防暴雨措施，宜与永久性排水措施结合实施。边坡较高土石方开挖后不稳定或欠稳定的区域，应根据边坡的地质特征和可能发生的破坏模式采取有效处置措施。开挖应自上而下分层实施，严禁随意开挖坡脚。一次开挖高度不宜超过 3 m。边坡开挖施工阶段，不利于工况稳定，不能满足要求时，应采取相应的处理或加固措施。开挖前，应将边坡上已松动的或可能塌方的土方、垃圾清除，危险区域应设置警示牌。

②临时排水。堆体开挖搬运期间应设置临时排水沟，排水沟应根据坡面及周边地形顺势导流，排水沟为垃圾开挖形成的垃圾沟，尺寸以顺利导排为准，排水沟走向及尺寸不做设计要求。作业中，应保持场内排水、交通、填埋气收集处理、渗滤液收集处理等设施正常运行。

堆体开挖搬运期间应采用低渗透性的覆盖材料进行临时覆盖。开挖期间应根据开挖运输能力合理安排作业区域，尽量缩小垃圾的直接暴露面积。堆体周边应设置临时截水沟，避免堆体以外的地表水流经堆体。

③天气要求。开挖不宜在雨季进行，暴雨前应采取必要的临时防风措施。遇

到六级及以上的强风、台风、大雨、雷电、冰雹、浓雾、高温等恶劣天气，不应进行高处作业。恶劣天气过后，应对作业安全设施进行逐一检查修复。雨后机械快速开挖后，应及时检查监测及边坡情况。

④运输要求。应采取封闭式运输，避免在运输过程中漏撒。车辆出场前应对车辆进行冲洗，避免作业过程对周围环境造成不利影响。

2.5　超库容垃圾焚烧工程

（1）工程背景

目前，国内垃圾筛分项目对于腐殖土的最终处理方式主要有处理后作为绿化用土、矿坑填埋等。虽然本项目前期委托相关单位对腐殖土开展了检测工作，并建议可作为建筑二类用土填埋矿坑，但本项目体量较大，且根据实际矿坑摸排情况，寻找合适矿坑存在一定的难度。因此需要考虑腐殖土无法处理时开挖垃圾的处理方式。

根据整体检测结果，本场地垃圾热值为330～12 000 kJ/kg，均值为3 907 kJ/kg。参考《城市生活垃圾处理及污染防治技术政策》（建成〔2000〕120 号）及相关资料，低位发热量小于 3 300 kJ/kg 的垃圾不宜采用焚烧处理，3 300～5 000 kJ/kg 的垃圾可以采用焚烧处理，因此本场地垃圾可以采用焚烧处理。

（2）处理去向

经与主管部门及建设单位沟通，超容垃圾拟送往海南北部生活垃圾焚烧发电厂处理。

（3）处理时间

日焚烧时间：根据接纳垃圾的焚烧厂工作时间确定。

焚烧天数：1 935 300 t÷1 000 t/d=1 935.3 d

（4）外运焚烧工程

①焚烧前预处理。开挖垃圾在外运焚烧前，要将对焚烧厂炉排有害的垃圾（如必须处理的大件生活垃圾、建筑垃圾、炉渣等）进行相应的分拣破碎处理。

②垃圾焚烧工艺。生活垃圾收集后经专用垃圾车运至焚烧发电厂内，称重后，进入垃圾卸料平台将垃圾卸入垃圾池内。垃圾由抓斗式吊车投入进料斗后，由推料

器将垃圾推入焚烧炉焚烧，整个焚烧过程分为干燥段、燃烧段和燃尽段 3 个阶段。焚烧炉燃烧需要的空气，由一次风机吸取垃圾仓顶部的空气，经两级空气预热器加热后送入炉膛。吸取垃圾仓顶部的空气，可以使垃圾仓内呈负压，防止臭气外溢。

锅炉二次风从厂房内抽取，加压后吹入炉膛，可以起到加强烟气搅动的作用，使燃料充分燃烧。焚烧炉焚烧时产生的热量加热余热锅炉产生蒸汽，再利用蒸汽带动汽轮机发电机组发电。燃烧产生的烟气先通过 SNCR 系统进行炉内脱硝，再经烟气净化系统脱酸、除尘、喷射活性炭去除二噁英类及重金属等有害物质后，通过烟囱排入大气。在炉排上燃尽的炉渣落入带水封的液压式除渣机内，经冷却后被推至渣池。炉渣由珠海市德旺绿色环保科技有限公司清运至海口市垃圾处理场用于生活垃圾覆盖，待该公司炉渣处理场建成后进行炉渣综合利用；烟气净化系统收集的飞灰经稳定化系统处理，并经检验满足《生活垃圾填埋场污染控制标准》（GB 16889—2024）要求后运往飞灰填埋场填埋。

2.6 剩余垃圾封场工程

超容垃圾全部外运处理的同时，将填埋场原设计范围以外的垃圾全部清运。填埋场达到设计标高以下，然后进行整体封场，同时辅以好氧稳定化技术，使填埋场快速稳定。

（1）分类、分级标准

根据《生活垃圾填埋场封场工程项目建设标准》（建标 140—2010），我国的生活垃圾填埋场治理与生态恢复工程建设规模根据填埋库区面积等情况可分为 4 类。

卫生填埋场建设规模按总库容量分类标准如下：

Ⅰ类：填埋库区面积≥20 万 m^2；

Ⅱ类：填埋库区面积为 10 万（含）～20 万 m^2；

Ⅲ类：填埋库区面积为 5 万（含）～10 万 m^2；

Ⅳ类：填埋库区面积＜5 万 m^2。

（2）封场目标

①原填埋场设计。根据《海口市生活垃圾卫生填埋场工程施工图》（中国城市建设研究院，2001 年），设计库区面积为 18 万 m^2，设计最大标高为 115 m。

②填埋场实际情况。目前，填埋场实际库区面积约为 20 万 m^2，大部分堆体标高已超过原设计标高。

③封场目标。需要将填埋场垃圾重新整治至原设计库区范围内，堆体标高达到设计标高 115 m 以下，再进行规范化封场。

目前，填埋场实际库区面积已超过了填埋场。因为本次封场面积为 18 万 m^2，所以本填埋场封场为Ⅱ类封场。

（3）填埋场治理与生态恢复工程的组成

根据《生活垃圾填埋场封场工程项目建设标准》，填埋场治理与生态恢复工程项目由主体工程、专项工程、生产管理与生活服务设施等构成。具体包括以下内容：

①主体工程主要包括垃圾堆体整治、封场覆盖与防渗系统、填埋气体导排与处理系统、渗滤液导排与处理系统、雨洪导排系统、绿化与植被恢复等。

②专项工程主要包括场内道路、供配电、给排水、消防、通信和监控等。

③生产管理与生活服务设施主要包括行政办公用房、门房、车库、变配电房、值班宿舍、储物间、卫生间等可利用现有设施。

本工程将在充分利用现有设施的基础上，完善主体工程、专项工程、生产管理与生活服务设施。

（4）堆体整形方案

①清除超容垃圾及飞灰。颜春岭填埋场的北侧库区填埋生活垃圾，南侧填埋焚烧飞灰，部分生活垃圾与飞灰的分界线已经比较模糊。因此，在填埋场封场前首先需要将超容的生活垃圾及飞灰外运，然后将剩余设计库容范围内的垃圾进行规范化封场。超容垃圾 190.26 万 t，飞灰 11.83 万 t。

②规范封场边界。2019 年，海口市启动了颜春岭填埋场应急整治工程，对填埋场进行了应急整治工程设计，其中包括堆体整形、中间覆盖、垃圾围挡工程等。导致填埋场堆体坡脚范围达到原生活垃圾填埋场设计库区以外，实际填埋范围约为 21.3 万 m^2，本次堆体整形需要将填埋场坡脚收缩至原设计范围内，即 18 万 m^2 的封场范围，避免利用应急工程的挡土墙保证堆体稳定，使填埋场靠自身坡比堆高，减少安全隐患。

③根据《生活垃圾卫生填埋场封场技术规范》（GB 51220—2017）的规定，

垃圾堆体整形方案应根据现状垃圾堆体整体形状、垃圾堆体稳定性、土地再利用要求等因素确定。

修整后的垃圾堆体边坡坡度不宜大于 1∶3，并应根据当地降雨强度和边坡长度确定边坡台阶及排水设施的设置方案，边坡两台阶之间的高差宜为 5～10 m，平台宽度不宜小于 3 m。

填埋场本身高差较大，约为 45 m，且平台高差较大时，方便进行填埋场生态恢复的景观园林设计，因此本次高差设为 10 m，平台宽度设为 5 m。

封场后填埋场堆顶最高标高为 108 m，最低标高为 90 m，坡度从南向北逐步降低。整形后，填埋场北侧堆顶较南二环路高 25～30 m，为填埋场后期作为生态公园及生态文明科普教育基地提供了良好的基础条件。

2.7 生态修复工程

（1）设计定位

按照《生活垃圾填埋场稳定化场地利用技术要求》（GB/T 25179—2010）中关于填埋场场地利用方式的规定，本工程经过封场和生态恢复后，拟达到 GB/T 25179—2010 中规定的中度利用要求（表 2-1）。

表 2-1 填埋场场地稳定化利用的判定要求

利用方式	低度利用	中度利用	高度利用
利用范围	草地、农地、森林	公园	一般仓储或工业厂房
封场年限/a	较短，≥3	稍长，≥5	长，≥10
填埋物有机质含量	稍高，＜20%	较低，＜16%	低，＜9%
地表水水质	满足 GB 3838 的相关要求		
堆体中填埋气	不影响植物生长， 甲烷浓度≤5%	甲烷浓度 1%～5%	甲烷浓度＜1%； 二氧化碳浓度＜1.5%
场地区域大气质量	—	达到 GB 3095 三级标准	
恶臭指标	—	达到 GB 14554 三级标准	
堆体沉降	大，＞3.5 cm/a	不均匀，10～30 cm/a	小，1～5 cm/a
植被恢复	恢复初期	恢复中期	恢复后期

注：封场年限从填埋场完全封场后开始计算。

（2）设计内容

填埋场生态修复工程应充分考虑区域景观的生态功能、休闲活动功能及当地文化特色，主要通过植物模纹的形式来展现，注重植物景观的可参与性。在植物种类上，选择抗性强、对环境净化能力强的树种及草本植物进行配置，达到美化并改善区域环境的作用。

（3）生态环境状况

由于本填埋场超负荷运营时间较长，对环境造成了影响，主要表现在以下几个方面：

①渗滤液部分外渗，对地表水造成污染；

②填埋气体和臭味散发，污染周围大气存在火灾隐患；

③填埋场区在城市边缘，周边新的居民区已经建成，影响周围景观和土地的开发利用；

④由于垃圾填埋，场区植被稀少，影响生态环境。

（4）植物对填埋场覆盖土的技术要求

填埋场封场后，将在表面进行绿化，改善景观和生态环境，消除垃圾填埋场的不利影响。垃圾堆体表层将覆盖黏土防渗层，以防止填埋气体溢出而危害植物根部。

封场覆盖的土层厚度至少应达到 80 cm，具体厚度与封场后利用方案相关，对需要种植树木的地区，其顶部的土层应稍厚（图 2-1），以满足树木生长的需要。本方案封场利用后的高木区覆土厚度达到 120 cm，低木区覆土厚度达到 100 cm，其余地区为 80 cm，具体将根据绿化工程需要调整。

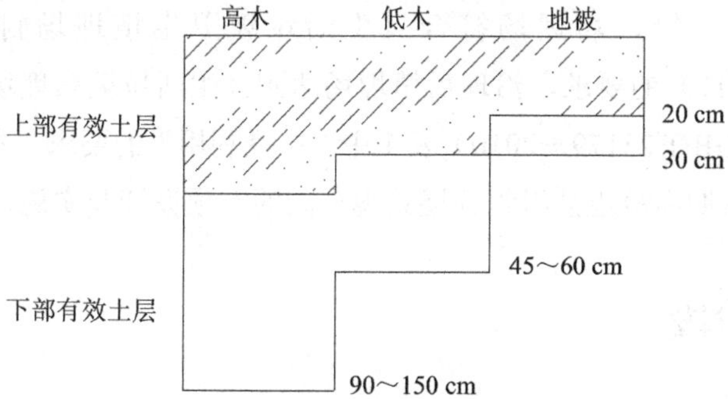

图 2-1　典型的封场结构覆土

（5）设计原则

填埋场封场后，周围的土地将得到开发利用。本工程设计遵循以下原则：

①植物生态原则；

②环境保护原则；

③环境效益、社会效益兼顾原则；

④景物与环境相协调的原则。

（6）植物种植计划

由于使用了快速好氧稳定化技术，不同于传统封场3～5年后，本项目封场后1年内，填埋场会产生填埋气体，填埋堆体逐步趋向稳定，因此在这个时期内填埋场全部种植草坪，主要目的是逐渐恢复填埋场的植被，改善环境。封场1年后可以逐渐开展灌木种植等景观公园建设工作。

（7）道路系统

本填埋场道路系统包括进场道路、景观道路和平台道路。

①进场道路：入口位于场区东南侧，改造并沿用原有进场道路；

②景观道路：全场拟设置景观道路，由场底通至场顶；

③平台道路为人行道，主要供管理人员和游人通行，道宽3.0 m，为铺砌路面。

（8）给排水系统

在场区内埋设供水管，与雨水池相接，形成供水系统。供水系统用于场内绿化。木本植物采用人工浇水，草坪采用自动喷灌浇水。

（9）景观设计

填埋场技术路线中关于生态修复的相关内容，通过可研技术路线的实施及填埋场封场后复绿，填埋场符合《生活垃圾卫生填埋场封场技术规范》（GB 51220—2017）的要求，治理后填埋场达到《生活垃圾填埋场稳定化场地利用技术要求》（GB/T 25179—2010）表1中“中度利用”的要求。本工程不包含景观公园部分，后期由澄迈县组织开展景观公园的专项设计及实施工作。

2.8 实施阶段

根据2.2节设计内容，颜春岭垃圾填埋场环境整治和生态修复工程实施总体方案如图 2-2 所示。

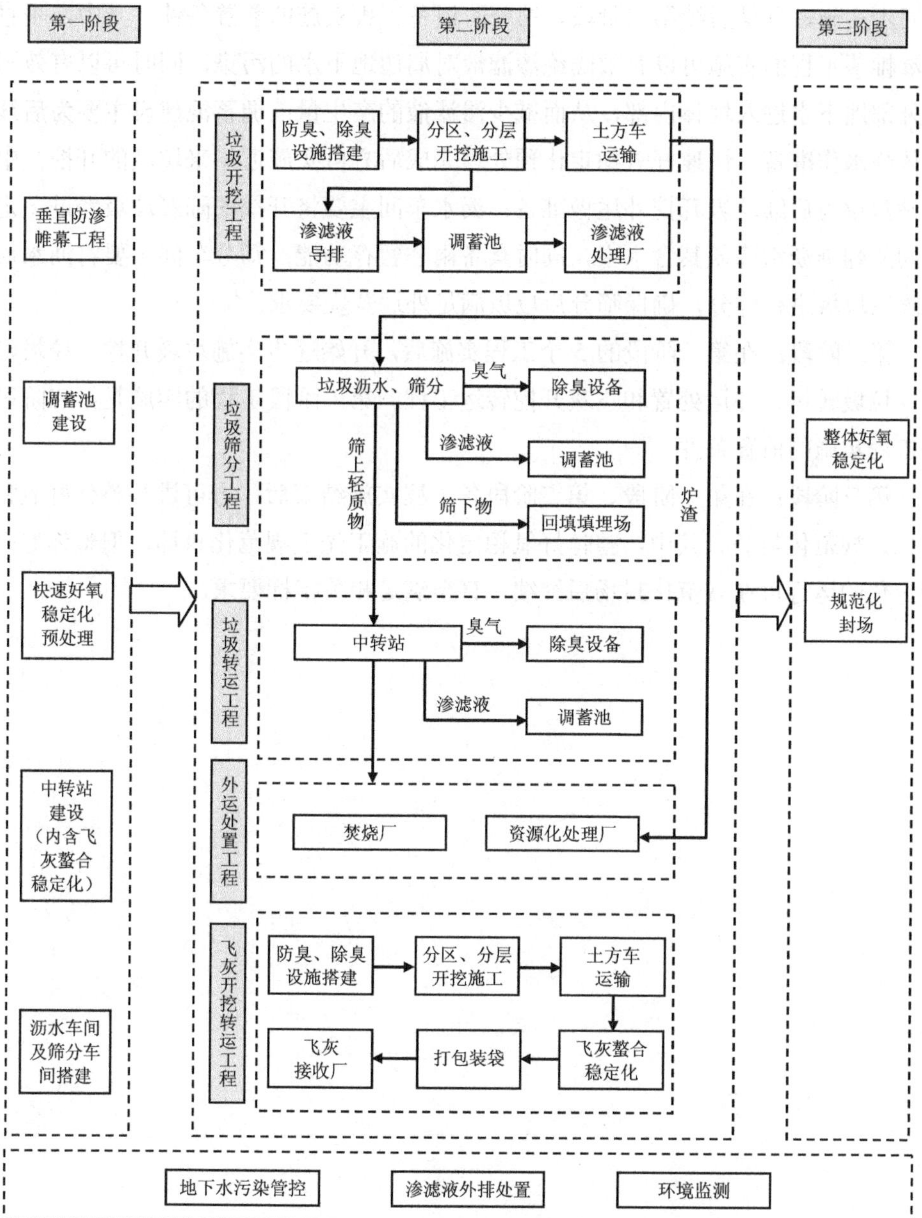

图 2-2 总体方案

第一阶段：项目最开始实施，主要包括垂直防渗帷幕工程、调蓄池建设、快速好氧稳定化预处理、中转站建设、沥水车间及筛分车间搭建，以上 5 个工程可以同步实施，且是后续第二阶段、第三阶段各工程实施的前置条件。其中，垂直防渗帷幕工程的实施可以有效隔绝渗滤液对周边地下水的污染，同时可以有效阻止外部地下水进入堆体内部，从而减少渗滤液的产生量；调蓄池建设主要为后续堆体降水作准备；快速好氧稳定化预处理完成后方可实施近年来垃圾的开挖；中转站建设为后续垃圾开挖外运做准备；沥水车间主要将开挖的陈腐垃圾经过一定时间的翻堆沥水降低其含水率，同时具备雨季暂存功能；筛分车间主要将沥水后的陈腐垃圾进行筛分，确保筛分后垃圾满足外运焚烧要求。

第二阶段：在第一阶段的 5 个工程实施后，开始逐步实施垃圾开挖、垃圾筛分、垃圾转运、外运处置和飞灰开挖转运工程。第二阶段工程的实施是第三阶段各工程实施的前置条件。

第三阶段：在第一阶段、第二阶段各工程实施结束后，方可进行整体好氧稳定化、规范化封场。其中，整体好氧稳定化的施工先于规范化封场，但整体好氧稳定化的运行可在规范化封场后继续，直至满足相关指标要求。

3 第三方全过程环保管理咨询

全过程环保管理咨询单位对工程实施过程进行整体把控，对各参建单位的规范化施工进行监管督导，进一步保障工程质量；指导各参建单位的资料管理、规范各参建单位的日常管理、提高第三方工作成果质量、开展技术验证工作，为通过工程竣工验收提供有力保障。让专业的人做专业的事，内行管理贯穿工程全生命周期是全过程环保管理咨询的精髓所在。这种全新的过程集约化咨询服务为工程提供持续、可控的精细化管理，为建设方提供一体化的解决方案，有利于降低建设成本、规避风险、实现项目投资价值的最大化，对提高建设工程项目决策、设计、招投标、施工和竣工验收各阶段的管理效率具有显著的促进作用。全过程环保管理咨询强调智力性策划、多阶段集成，通过对建设方案进行技术经济分析论证和实施全过程管控，为委托方投资决策和建设管理提供增值服务，提供全生命周期的技术支持与服务，显著提高了工程项目建设水平。

3.1 工作目标

全过程环保管理咨询单位重点对颜春岭垃圾填埋场存量垃圾减量化、资源化、环境治理与生态修复进行技术可靠性、经济合理性及实施可行性复核，并组织专家咨询，使所选用的方案科学合理、技术先进，实现工程的社会效益、环境效益和经济效益的最佳统一，确保设计方案和施工组织设计的质量，为项目的实施奠定了良好基础。在工程施工过程中，提供全过程环保管理咨询服务，高质量完成了垃圾填埋场环境治理与生态修复目标，满足了环境保护要求，切实推进项目保质保量完成，彻底、根本性地解决颜春岭垃圾填埋场环境影响问题，并总结出可复制、可推广的项目亮点。

3.2 工作内容

根据颜春岭垃圾填埋场的环境风险隐患，结合生态治理工程的技术内容及治理目标，全过程环保管理咨询工作主要包含以下六大项主要内容。

（1）资料收集与分析、档案室建立

协助建立文档档案室，分类存档。跟踪工程的实施情况和现场管理情况；开展资料收集与分析工作，对前期相关调查评估结果、设计方案、工程修复进展等进行收集分析，并在此基础上提出整改建议。

（2）日常工作管理

负责环境管理、规范化等相关工作，并组织各参建单位召开监理例会，审查各参建单位周总结与周计划资料，进行全过程跟踪和指导。对工程施工安全、质量、进度等进行日常管理检查，必要时可根据工程进展情况编制关键节点工作简报。

（3）第三方成果审核

①前期方案技术审核。对垂直防渗帷幕、堆体治理、飞灰开挖转运、焚烧处理、封场填埋、专项处理等前期施工方案组织审核，对技术可行性方案进行评价，必要时组织国内同类工程项目调研。

②对第三方单位出具的成果文件进行技术审查，包括实施方案、评估报告、变更文件等。开展现场踏勘工作，通过与施工负责人、监理工程师等进行沟通和访谈，了解工程的实施情况，对此提出审查意见并指导修改完善。

③对第三方单位出具的成果文件组织专家咨询、专家评审，包括实施方案、评估报告、变更文件等，并跟踪指导后期修改备案工作。

（4）工程技术验证

针对堆体治理工程、超容垃圾开挖工程、超容垃圾焚烧工程、剩余垃圾封场工程、生态修复工程以及配套工程中具体涉及的技术实际效果、工艺运行和维护管理性能进行验证，提出工程改进措施，并为相关技术推广应用提供实际案例。

（5）全过程技术服务

全过程环保管理咨询单位作为建设单位的智库，提供全过程技术服务，参与工程相关的环境问题沟通、解答和管理咨询服务等。与各级住房和城乡建设主管部门和生态环境主管部门以及第三方机构等沟通交流，同时为建设单位提供答疑，协助建设单位开展相应申报工作，协助建设单位完成各级检查工作，提交相应汇报材料。

（6）成果报告编制

根据生态治理工程实施进度，分年度编制全过程环保管理咨询总结报告，并在生态治理工程完工后编制全过程环保管理咨询总结报告，组织开展专家评审，总结项目经验，形成可复制、可推广的经验成果。

3.3 技术路线

通过第三方全过程环保管理咨询、建立项目专家库及邀请专家检查指导、开展全过程温室气体成效评估以及全过程跟踪评估监测等环节，采用日常技术支持的方式，对生态治理工程施工前期、过程、后期开展全过程环保管理咨询工作，切实推进颜春岭垃圾填埋场生态治理工程保质保量完成，彻底、根本性地解决颜春岭垃圾填埋场环境影响问题，确保治理工程达到“提思想、重风险、工程为自然、成效立标杆”的整体效果，并总结出可复制、可推广的项目亮点（图 3-1）。

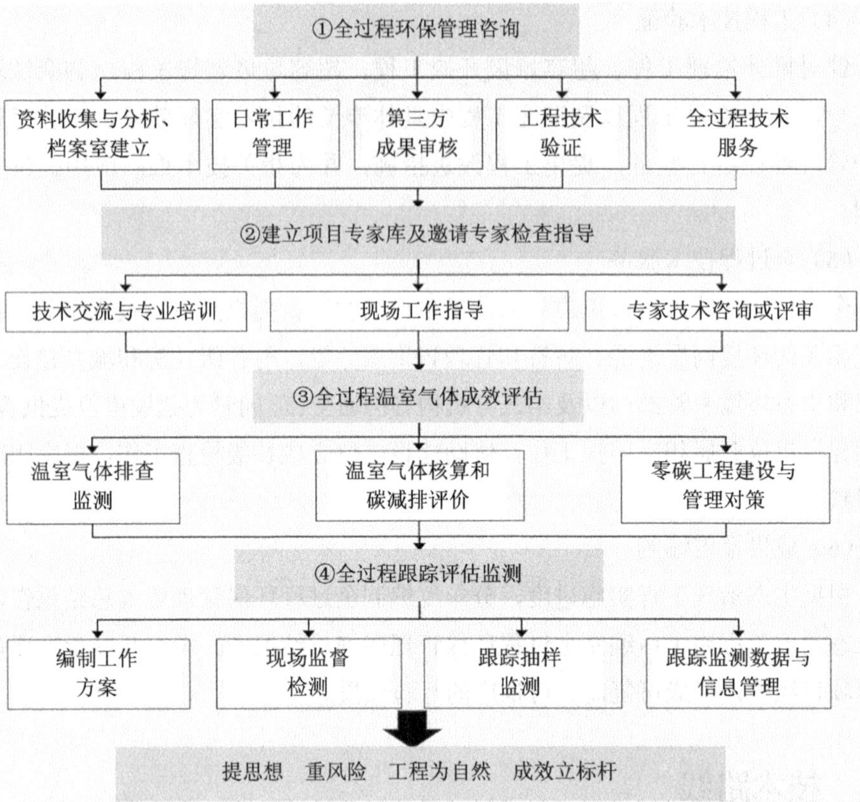

图 3-1 技术路线

3.4 全过程环保管理咨询

3.4.1 资料收集与分析、档案室建立

3.4.1.1 协助建立档案室和电子数据库

1）工作意义

颜春岭垃圾填埋场生态治理工程涉及的项目工艺非常复杂且包含多项分项工程，施工过程高效有序开展，确保按期完成显得尤为重要。通过建立全过程档案室，做好全过程资料的收集、分析及管理，能够为生态治理工程高效运行以及后

期竣工验收顺利开展提供基础保障。

2）工作目标

协助并监督设计单位、施工单位、监理单位和效果评估单位建立工程档案室，按照前期资料、施工过程资料、竣工验收资料等栏目分别整理，并编制合格的竣工资料，方便现场管理和后期竣工验收，以及各级领导及监督检查部门进行监督检查。同时，督促施工单位、监理单位和效果评估单位建立电子数据库，利用互联网的优势，实现现场管理资料的“数字孪生”。

3）工作内容

（1）协助并监督施工单位、监理单位和效果评估单位建立工程档案室，按照项目前期资料、施工过程资料、竣工验收资料分类存档

颜春岭垃圾填埋场生态治理工程的工程体量较大，其主要建设内容包括堆体治理工程、超容垃圾开挖工程、超容垃圾焚烧工程、剩余垃圾封场工程、生态修复工程、配套工程（渗滤液处理工程、臭气及扬尘控制、垂直防渗帷幕工程等）、总图工程（建筑工程、结构工程、给排水工程、电气工程、自动化工程等），以及全过程环境保护与监测等其他工程，按照分项工程分别建立档案室。

前期资料包括调查评估报告、可行性研究报告、设计文件、施工组织设计等资料，还包括批复、专家评审意见等资料。

①施工单位：施工日志、开挖记录、转运记录、自检记录、材料购买记录、质量检测报告、工程联系文件、施工图纸及影像记录、修复设施运行记录、环境质量和二次污染排放监测记录、施工总结报告、飞灰转移联单等。

②监理单位：开工令、监理工作方案、监理日志、旁站记录、整改通知单、第三方检测报告、监理工作报告、现场照片及影像资料等。

③效果评估：效果评估工作方案、现场布点采样记录、检测报告、效果评估报告、现场照片及影像资料等。

④其他文件：相关合同协议、治理过程的原始记录等。

⑤相关图件：填埋库区地理位置示意图、用地规划图、总平面布置图、治理范围图、治理技术路线图、治理过程照片和影像记录等（图 3-2）。

图 3-2 现场档案室建立

（2）负责对施工、监理、效果评估单位工程档案项目所有电子资料的收集、整理、汇编，形成项目“电子数据库”

充分借鉴同类重大工程的项目管理经验，结合现场踏勘情况，定期对现场资料的全面性和规范性进行把关审核，并及时提出完善现场档案资料的意见和建议。

（3）建立档案电子数据库

各参建单位应结合工程实际建立档案信息管理体系，制定文件管理制度，在文件分类、归档等方面予以规定，对项目信息进行及时梳理和分析，指导和规范现场工作。

3.4.1.2 资料收集与分析

全过程环保管理咨询单位应从项目前期方案编制阶段开始参与，全过程跟踪项目前期设计、专家论证、备案等过程，收集项目关键节点相关资料，为提高项目设计的科学性与合理性提供技术指导与服务，进一步保证后期工程施工的可操作性。

生态治理项目启动后，应根据项目的实施和现场管理情况，推动建立“电子数据库”，收集包括施工单位、监理单位、效果评估单位等不同参建单位关键节点的相关资料，并通过与建设单位代表、调查评估负责人、修复施工负责人、监理人员等沟通和访谈，进行分析和总结，在此基础上针对工程项目提出意见和建议。

3.4.1.3 存档管理

项目实施全过程形成的各类文件资料，进行存档管理（包括电子数据库）。

3.4.2 日常工作管理

全过程环保管理咨询单位应建立项目部常态化日常工作管理制度，以项目质量、进度和安全文明施工为抓手，开展日常巡检工作，检查施工单位和监理单位台账记录，加强现场环境管理。

3.4.2.1 现场环保巡视

根据颜春岭垃圾填埋场的前期污染状况调查结论、定期环境监测数据及周边群众信访投诉内容，该垃圾填埋场作为主要的区域污染源，对场地内部及其周边生态环境质量和居民生产生活造成了影响。通过识别分析颜春岭垃圾填埋场生态治理工程实施过程中特征污染组分的主要迁移途径及其对各类受体的暴露方式，结合项目现场主要施工作业区域、施工作业内容及其可能引发的污染影响，在现场驻点办公期间严格落实定期现场环保巡视工作。

参照生态环境领域同类重大工程全过程环保管理实践经验，颜春岭垃圾填埋场生态治理工程现场环保巡视的主要内容包括：

①结合现场施工情况，确定填埋场内及边界巡查点位，明确相应的检查内容及评价标准，重点检查各项二次污染防治措施落实情况。

②考核二次污染防治措施实际效能，评估颜春岭垃圾填埋场生态治理工程对周边区域内人体健康和生态环境的潜在影响。

③根据现场二次污染防治措施的效能评估结果，指导现场二次污染防治措施的调整优化，以及各项检查发现问题的整改，并督促长期落实相应措施。

④制订垂直帷幕灌浆和复合防渗墙等重点分项工程的施工质量联合监管方案，明确施工过程中的关键结构参数与性能指标，确定过程验收环节的各项检测指标及合格标准。

⑤根据现场环保巡视情况，当日汇总形成环保巡视日志，提报至指定工作群，以便业主单位了解现场施工作业情况，施工单位认领相关问题责任以及监管部门查阅现场环保安全管理历史。

3.4.2.2 项目进度管理

1）工作职责

①负责督促施工单位编制工程进度总体计划，并报建设单位备案。

②按照施工单位合同的工期要求，审核施工单位上报的工程进度计划，包括总体计划及主要节点计划、分项分部计划和年度、月度计划。

③严格按批准的计划进度进行管理，一旦发现达不到计划进度要求或发生进度延误（节点工期超过 10 个日历天），应于 3 个日历天内向建设单位报告，及时查明原因并督促施工单位采取有效措施予以补救，确保总工期不变和项目如期完成。

④协调安排各单位的施工衔接，督促施工单位组织有序地交叉作业。

⑤全过程环保管理咨询单位根据《颜春岭生活垃圾填埋场环境治理和生态修复工程进度管理红黄绿牌制度》，明确进度管理与责任分工，制定红黄绿牌发放规则，并采取处罚措施。进度管理红黄绿牌分为日黄绿牌、周红黄绿牌和月红黄绿牌，对垃圾外运和垂直防渗帷幕这两个重要的分项工程进行进度管理。全过程环保管理咨询单位应持续更新进度管理红黄绿牌制度统计表，总结每天、每周和每月完成的工作内容，并提出存在的问题及建议。

2）保障关键工期的组织管理措施

（1）建立项目进度保障体系

建立以项目经理为主要领导的项目进度保障体系，成立专门进度控制机构和确定进度控制岗位责任人，对各阶段各时期的进度目标进行分析和论证，指导施工单位编制进度计划，定期跟踪进度计划的执行情况，采取纠偏措施，以及调整进度计划（图 3-3）。

（2）成立修复工程进度保障小组

以项目经理为组长，以其他员工为组员的进度保障小组；根据施工组织设计、施工准备、场内挖运施工、场外运输施工、竣工验收工作 5 个阶段，对成员组成进行调整。

（3）建立进度目标体系

应对进度目标进行详细分解，指导施工单位编制周密的施工综合进度计划和季度、月度、周生产计划，均衡组织生产，严格执行生产计划。

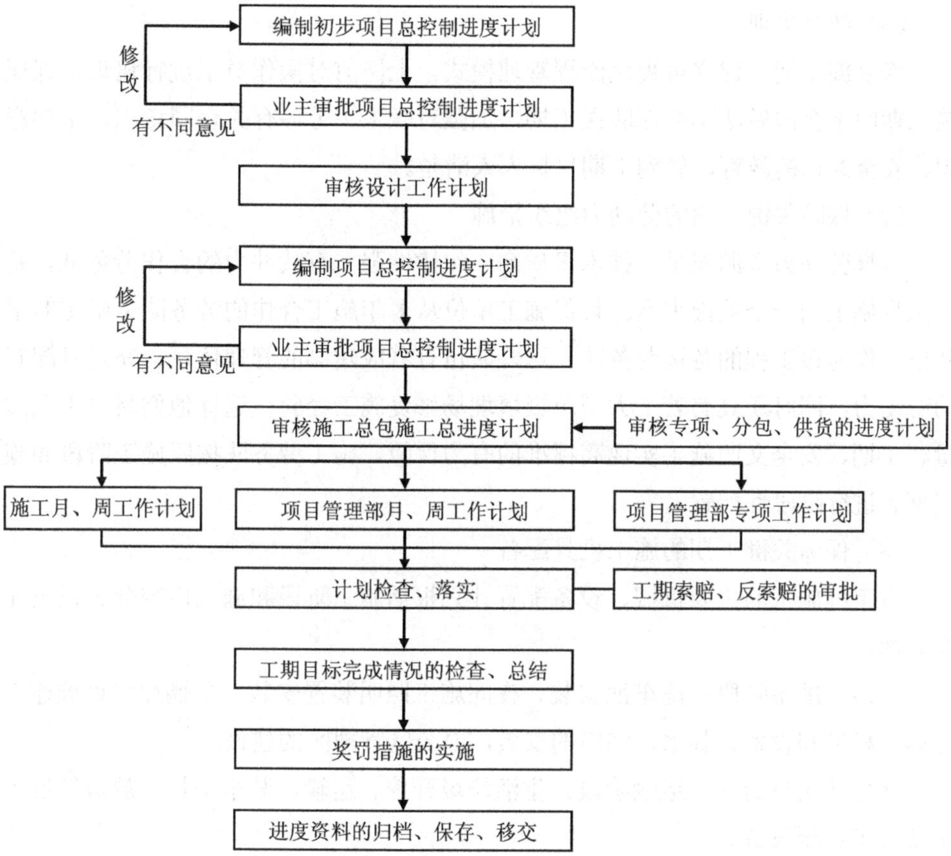

图 3-3 项目进度保障体系

（4）合同管理

督促施工单位加强各分包供应商的管理，与机械设备租赁商签订租赁合同，保证垃圾清挖外运设备及时跟进。

（5）风险管理

对可能遇到的风险情况，督促施工单位编制应急预案，生态环境部环境规划院对关键应急预案进行专家评审，并督促施工单位严格执行，减缓工期延误。指导施工单位采用成熟可靠的技术进行修复施工，同时维护周边安全、交通，防止干扰周边居民，处理好群众关系，保障社会和谐，避免不必要的工期损失。

（6）教育培训

修复施工期，建立可视化流程管理模式，上岗前对操作员工进行培训，保证施工期间不会因做法不明而耽误工期。加强对职工、劳务有关合同意识、工期意识、安全意识的教育，做到工期目标人人清楚。

（7）保障关键工期的劳动力组织措施

选择劳动力资源充足、技术素质高、纪律性强、有战斗力的合作劳务队，是本工程施工的一个关键因素。督促施工单位从多年施工合作的劳务队中确定若干队伍，作为该工程的备选劳务队。这些队伍有着成建制的管理体系、充足且配套的劳动力，同时还具有若干大型垃圾填埋场修复施工经验，选择他们将是工程质量、工期、安全文明施工实现高标准的有力保障。施工劳务队按照施工阶段和施工部署进行阶段性配置。

（8）保障关键工期的施工机具配备

本工程施工的主要机械、设备配置计划根据施工阶段和施工内容分为以下几个方面：

①施工准备阶段：洗车池安装、夜间施工照明装置安装、车辆冲洗设施建设等施工机械和设备、临水、临电的安装，办公区管理区的建设。

②生活垃圾清挖、运输阶段：生活垃圾开挖、运输、装车密封、放坡等过程主要施工机械设备。

③飞灰处置阶段：飞灰破碎、螯合稳定化和运输主要施工机械和设备。

④竣工阶段：临时设施拆除等主要施工机械和设备，以及各种取样、监测设备。

根据施工内容和工期配置各项主要施工机械设备，督促施工单位确保机械设备的数量和型号满足本工程施工需要。

（9）保障关键工期的物资配备

开工前落实各项施工用料的计划，督促施工单位按照贯标程序要求选定合格供方和产品，签订供货协议，并分期分批组织进场。进场材料均应具备出场合格证，材料进场后由专人对进场材料进行外观检查，如需复试物理、化学性能，则交由第三方专业检测机构进行检测。根据工期及现场实际情况，工程所需材料应在正式开工后分批进场，个人防护用品应在开工之日准备不少于80%的估算用量，并根据现场实际使用消耗情况随时进行补充。

3）保障关键工期的技术措施

颜春岭垃圾填埋场生态治理工程为保障工期，指导施工单位制定保障关键工期的技术措施。施工单位将采取以下技术措施。

①督促设计单位认真研究相关技术文件，对现场进行深入详细调查，编制科学合理的初步设计和施工图设计，并提交专家评审，初步通过行业主管部门审查批准。

②提前做好施工准备工作，技术保障措施得力，以免因施工准备而影响工程进度。根据通过专家评审的初步设计，结合现场实际情况等编制详细、切实可行的实施性施工组织设计。

③注重依靠科技进步。采用新技术，在关键工序采用施工效率高的机械。对影响施工进度的修复技术难题，开展 QC（质量控制）小组活动，组织攻关，充分听取各方面的合理化建议，加快施工进度。

4）保障关键工期的经济措施

修复施工期需要定期提供人力、电力、维护管理耗品、机械台班，应合理制订资金需求计划，保障资金链供应和工期。项目的工程款项实施专款专用，同时，可动用施工单位的工程周转基金为工期计划的实现提供资金保障。督促施工单位在人员、设备、材料、资金和管理方面投入足够的资源，特别是施工前期的投入、施工中期的施工机械、材料、人力配备，要求准备充足并留有余地。

5）计划对比与纠偏措施

（1）制订进度计划

总体进度计划用网络图和横道图进行表示，确定关键线路及相关工序搭接关系，月、周计划作为有效的进展报告，用横道图表示，建议统一用 Project 软件进行编制，每月 25 日提供次月施工计划，每周四提供次周施工计划。

月计划包括与之相应的配套计划：劳动力计划、药剂供应计划、设备供应及使用计划、技术质量配合计划、现场条件准备计划、工程款收支计划等。

周计划包括生产进度计划、设备材料进场计划、劳动力和机械设备使用计划、现场条件准备计划、上周计划控制记录和原因分析。

（2）计划对比方法

在项目进度计划管理中，采用国际通用的计划评审技术、关键线路法和优先序图法，按照进度基线及实际进度情况，对项目进度计划进行对比分析。

（3）计划对比实施

施工单位成立由项目经理、技术负责人、生产经理、计划人员、作业队长、班组长组成的项目进度控制体系。项目部对跟踪计划的实施进行监督，作业班组必须及时反映干扰问题，当发现进度计划与实际进度超过允许偏差时，实施纠偏措施。

（4）计划偏差的原因分析

出现进度偏差的原因主要有：材料等供应中断，供应数量不足，供应时间不能满足要求；由工程变更引起的资源数量和品种变化；管理人员数量不足或能力不能达到要求；垃圾、炉渣和飞灰等终端接收单位临时调整接收量；其他原因。

（5）纠偏措施

纠偏措施具体包括：利用施工进度网络图找出关键线路，并明确总工期；确定关键线路上每道工序的赶工费用及可调整的赶工时间；将投入最少、可缩短时间最多的工序挑选出来，将人力、物力投入该工序中进行赶工，如调整后工期达到计划要求，则进度纠偏完成，如仍然达不到计划要求，则继续在关键线路中寻找合理工序进行赶工；每一道工序调整后，必须利用网络图对关键线路进行监测，如发生关键线路改变的情况，则根据新的关键线路进行合理赶工工序的挑选。

6）针对雨季天气施工的进度保证措施

（1）雨季施工中影响进度的风险

雨季施工存在众多风险（如填埋场滑坡、机械设备损坏、运输道路损坏等），如不采取预防措施，极易发生事故，从而对施工进度造成影响。雨季时，填埋场边坡容易遭受雨水冲刷，造成边坡失稳、塌陷，需要重新进行清挖、支护等，重复施工内容，影响施工进度；挖运的设施和机械设备有被雨水侵蚀或者遭受雷击的风险；在雨天，施工人员也有触电、遭受雷击的风险。因此，导致机械设备受损、人员减员，影响生活垃圾清挖、运输等施工进度。

雨季的雨量过大，施工现场路面积水来不及外排，会导致路面湿滑，机械车辆发生陷坑甚至翻车等事故，从而降低施工效率，严重时可能造成人员伤亡，造成劳动力减少，影响施工进度。

（2）雨季施工进度保证措施

①雨季施工管理与准备。

建立雨季施工工作小组，由项目负责人全面、直接管理雨季施工工作，各部门负责人任小组副组长，组员为各个作业队的队长。雨季施工应以预防为主，强调提前做好生产部署，采取防雨措施和加强排水手段，以确保雨季正常的施工生产正常进行，避免受季节性气候的影响。要加强雨季施工信息反馈，及时掌握雨情、汛情信息，认真研究每年雨季的气候特点，对施工中可能出现的问题提前采取预防措施，及时加以解决。在雨季来临前，应对简易房屋等建筑物进行检查和修理，防止漏雨、漏电和其他不安全因素存在，确保基础稳固、道路不塌陷，房间不漏雨，场区不积水。施工现场的驻地、仓库、车辆机具停放场地以及生产设施等，都应设在地势较高的地方。

②随时掌握天气信息。

颜春岭垃圾填埋场生态治理工程施工期间应加强与当地气象局的联系，并督促施工单位设立天气专员，及时了解气候变化情况，详细记录每天的天气情况，听取 2～3 d 的天气预报，了解天气变化趋势。把天气预报情况与施工安排相结合，提前做好各项预防措施。在施工过程中，根据所掌握的气象资料，尽量避开大雨天气施工。

③填埋场防护。

填埋场在开挖过程和敞露期间应防止塌方，必要时应加以保护。在开挖坑边暂存生活垃圾时，应保证边坡的稳定。当生活垃圾较为稳定时，抛于坑边的土方（或材料）应距坑（沟）边缘 2 m 以外，高度不超过 1.5 m。

雨天开挖基坑时，应注意边坡稳定。必要时可适当放缓边坡或设置支撑。同时应在坑外侧围土堤或开挖水沟，防止地面水流入。施工时，应加强对边坡、支撑、土堤等的检查。若开挖后遇雨水天气，应采用人工将基槽清理至与原基土土质相同的土层。

④雨季临时建筑和机电设备防护。

在雨季来临前，必须做好处置设施和机电设备的防雨、防淹、防潮、防霉、防锈蚀、防漏电、防雷击等防护措施，管好、用好施工现场机电设备，确保施工任务的顺利完成。

库房、办公区等临时建筑在雨季要每天检查遮雨棚是否完好，如有破损应立即进行修补和维护，防止雨水渗漏进药剂库房、办公区等临时建筑内，使材料受潮，影响施工进度。库房和办公室等现场构筑物的地面设计应比自然地坪高出30 cm，防止室外雨水进入室内。

挖掘机、锚喷机、搅拌设备、自卸汽车要防雨、防潮，对其机械螺栓、轴承部件要经常加油并转动以防锈蚀，所有机电设备都要严格执行“一机一闸一保护”制度，投入使用前必须做好保护电流的测试，严格控制在允许范围内。施工现场的低压配电室应将进出线绝缘子铁脚与配电室的接地装置相连接，作防雷接地，以防雷电波侵入。

⑤雨季清挖和运输措施。

在雨季来临前，应在施工现场及边坡四周提前做好排水措施，保证水流畅通，不积水。雨天清挖和运输要注意雨量大小，雨量大时停止施工，并采用预先准备好的防水塑料布等防水材料对现场生活垃圾、生活垃圾堆场和贮存场地进行防雨遮盖。雨天的清挖和运输工作还要做好道路的防滑措施，运输道路路基碾压坚实，上铺焦渣或天然级配砂石等防滑材料，并做好路拱，道路两旁做好排水沟，保证不滑、不陷、不积水，保证雨后正常通行。若遇到雨季对道路和场地造成严重影响的情况，应及时将情况上报，并通知有关部门协调处理。

⑥停工与撤离。

大雨或雷暴雨天气时，室外施工必须停工，并在第一时间组织现场工作人员有序撤离到安全区域躲避，同时立即组织专门人员穿戴绝缘手套、雨靴等绝缘防护服，对现场的露天电器、机械、配电箱等进行断电处理；并在金属设备、精密仪器等上覆盖塑料防雨罩；遇到可能发展为灾害级别的大雨，必须立即上报相关部门，并按照相关部门指示有序进行抢险救援；雨后必须组织现场电工、安全人员对施工用电、安全防护等设施进行全面检查。确保无安全隐患后方可继续施工；定期对漏电保护器等安全防护装置进行检查，及时更换失效的设备。

⑦场区排水工作。

在施工开始前，就要预先做好预防大雨天气的排水工作，建设相应设施。在大雨天气，应组织专门人员将雨水引入排水渠，通过排水管线进入污水处理站进行处理，达标排放。

7）应对意外情况的工期保证措施

（1）劳动力不足的纠偏应急措施

施工单位应具有非常丰富、成熟、成建制的劳务队伍资源，如果项目某一工种出现劳动力不足现象，无论是总包自行组织分包还是指定分包，都可以借助公司总部，协助从其他项目进行调配。

（2）交通管制影响材料、设备进出场的纠偏及应急措施

在施工期间不可避免地受交通管制的影响，为解决材料进出场的问题，施工单位可以组织曾经多次合作的、具有抢险救灾资格的运输公司来保障材料进场。

（3）电力影响纠偏及应急措施

为避免突发电力中断造成停工，项目部将随时保障柴油发电机处于待命状态，一旦停电，立即投入使用保障正常生产。

（4）协调好周围各方关系，防止扰民

8）与政府部门、建设单位、监理单位等单位配合保障

督促施工单位加强与地方政府部门、建设单位、监理单位的协调配合，在施工过程中，施工单位应积极主动地与相关各方沟通，加强服务意识，缩短信息链，以实现“优质、高效、低耗”项目管理的目标。

（1）与建设单位的配合措施

定期参与建设单位例会，讨论解决施工过程中出现的各种矛盾及问题，理顺每个阶段的关系，使整个施工过程井然有序。根据施工进度需要，提前与建设单位、监理工程师、设计单位进行沟通。利用施工单位完善的信息系统及供应网络，选择诚信度高、质量好的供应商。

根据总体进度计划安排，对进退场时间作出部署，制订分项工程计划。建设单位需要时，全力配合建设单位选择后续作业人员。

（2）与工程监理及环境监理单位的配合措施

督促施工单位开工前书面报告施工准备情况，获得监理工程师认可后方可开工。

相关部门安排专人对接监理工程师，与监理工程师紧密合作，在全过程施工中，严格按照项目管理人、监理工程师批准的施工组织设计进行全面管理，以严格的施工管理程序，达到工程所要求的各项管理目标。施工过程中所有的施工方

案均要在规定时间内报送监理工程师。各类检测设备和重要机电设备的进场应向监理工程师申报，并附上年检合格证明或设备完好证明。

（3）与政府部门的配合措施

自觉接受政府的依法监督和指导，随时了解国家的有关文件、政策，掌握近期的市场信息，熟悉当地的法规和惯例。在进场施工后，与当地社区、居委会取得联系，听取周围单位与居民的意见，并通报工程的性质、概况和建设意义，获得周围单位和居民的支持与谅解。

（4）与其他单位的配合措施

全过程环保管理咨询单位应积极与各参建单位保持沟通和联系。如有需要，应在效果评估现场采样检测过程中督促施工单位全力配合效果评估单位，为效果评估单位提供一切便利条件，并对效果评估单位的采样工作进行监督和指导。

3.4.2.3 文明施工管理

1）全过程环保管理咨询单位的职责

①负责督促施工单位，保障施工场地卫生清洁。交工前清理现场应符合政府主管部门的有关规定，整个工程施工周期内均应达到行业文明工地的要求。

②负责建立文明施工监督网络，检查文明施工落实情况。

③负责督促施工单位严格落实“六个 100%”（工地周边围挡 100%、施工便道硬化 100%、裸土及物料堆放覆盖 100%、开挖和拆除工程湿法作业 100%、出入车辆清洗 100%、渣土车辆密闭运输 100%）。

2）文明（绿色）施工管理制度

指导施工单位建立文明（绿色）施工管理制度。

①项目现场安全文明（绿色）施工管理，除满足《建筑施工安全检查标准》（JGJ 59—2011）的要求以外，还应满足项目所在地或建设单位对安全文明（绿色）施工管理的要求。

②安全文明（绿色）施工管理内容主要包括安全管理与防护、场容卫生、环境保护、设备与料具、施工用电和消防保卫 6 个部分。

③绿色施工管理内容，主要包括绿色施工组织机构和管理、绿色施工指标、现场环境保护、节材与材料资源利用措施、节水与水资源利用措施、节能与能源利用措施、节地与施工用地保护措施、绿色施工评价管理等内容。

3）文明施工管理措施

（1）现场封闭管理措施

颜春岭垃圾填埋场生态治理工程现场设置全封闭式围挡、进场大门和实名制通道。为了进一步确保本项目现场施工安全，控制外来人员进入施工现场，保障文明、和谐、安全、有序的工作环境。明确各级人员的保卫职责，制订保卫管理方案，配备保卫人员，健全保卫管理组织。开展定期、不定期的安全检查，及时发现隐患，落实整改措施。现场门卫进行全天 24 小时值班，对进出场的人员、车辆、材料、机具进行管理。施工单位新工人进场，必须由施工单位项目管理人员带领进入施工现场并进行实名登记，办理工作证（工作证上要有姓名、工种、免冠照片）。进入现场的车辆应办理现场通行证并接受门卫人员检查，无通行证或检查不合格的人员和车辆不得进入现场。门卫安保值班人员要认真负责、坚守岗位、严格执行管理制度，对现场实行封闭管理，值班时不得擅离职守，不得下棋打牌等，下班后须待换班人员到达后方可离开。

（2）办公生活区、生产区临时设施管理措施

颜春岭垃圾填埋场生态治理工程的施工现场围挡应封闭严密、完整、牢固美观，上口要平，外层要直，高度不宜低于 1.8 m。应在大门明显处设置施工标牌，标牌要写明工程名称、建设单位、设计单位、施工单位、开工日期、工地负责人、竣工日期。大门内应有施工平面布置图，布置合理并与现场实际相符，并具有现场管理制度、安全生产管理制度、消防保卫管理制度、场容卫生环保制度，内容详细，字迹工整、规范、清晰。

（3）环境卫生管理措施

①卫生管理措施。

施工现场要天天打扫，保持整洁卫生，场地平整、道路畅通，做到无积水，有排水措施。卫生区的平面图应按比例绘制，并注明责任区编号和负责人姓名。

②环境保护措施。

在场地不具备硬化条件前，裸露的地面用绿色小孔安全网覆盖，安全网的四角用地锚与地面连接牢固。施工现场制定洒水降尘制度，设专人负责，安排洒水小车经常洒水，防止扬尘。

4）文明施工专项管理措施

指导施工单位采取文明施工专项管理措施。

（1）文明施工的组织措施

为维护市容整洁和区域安全，施工符合海口市建设工程文明施工现场管理标准等相关规范要求。通过建立文明施工领导小组，由项目经理牵头、分管副经理和项目技术负责人学习并传达安全文明环保知识，建立文明施工管理责任制，开展文明施工组织活动，加强施工现场管理，提高文明施工水平，创建文明施工现场。

（2）文明施工体系

为消除施工生产对环境的影响，对现场操作人员进行文明施工生产交底，建立健全文明施工管理制度和文明施工保证措施，并与一定的经济制裁制度相结合，使文明施工落到实处，保证良好的环境和正常的交通秩序。

①施工计划管理。

认真编制月计划和周计划，做好平面管理，现场检查执行情况，认真填写施工日志，建立单位工程考核记录，坚持合理的施工工序，不打乱仗，力求均衡生产，制定相应的保护措施。

②场地技术管理。

坚持施工前的技术交底工作，施工技术资料务必要完整、及时、准确。坚持按设计图纸及施工规范组织施工。坚持分项工程按标准工艺施工，每道工序做好技术控制工作。

（3）场容场貌标准化建设与管理

保证施工现场严格遵循建设单位的有关规定，随时保持现场道路通畅，材料分区分类码放整齐，排水沟、排水设施通畅，工地路面全部进行硬化处理，在生活区和办公区进行绿化，营造良好的施工环境。

（4）总平面管理措施

现场总平面管理措施见表 3-1。

表 3-1 现场总平面管理措施

序号	管理内容	管理措施
1	共性要求	办公区、物料堆放区、修复区等均封闭管理
2	临建	按建设单位要求整洁、完好、美观，设置围墙、大门、办公室等临建设施
3	标识牌	布设“六牌两图”，明显位置设日进度提示牌、安全警示牌
4	材料堆放	符合有关安全要求和总平面图要求，不得占用道路
5	场容	场地整洁、干净
6	卫生	专人每天保持现场干净清洁； 专人每天对现场内及周边道路清扫、洒水； 卫生设施、排水沟及阴暗潮湿地带，定期投药、消毒，以防鼠害及传染病发生

（5）其他文明施工措施

①施工人员：遵守有关文明施工规定，统一着装，胸前佩戴证件，言行举止文明、精神饱满、服从指挥，有良好的精神风貌。

②材料、机具：材料、机具码放整齐，各种材料审批后方可进场，符合相关要求。现场堆料按种类、规格堆放整齐并挂标识牌，危险品分类存放，并有保护措施。现场工序挂标识，按图大样施工。

③机械设备：标记、编号明显，周围清洁。

④车辆：按规定区域停放，专人指挥车辆出入，严禁场内任意停车。

⑤操作面：操作面及其周围清洁整齐，废旧钢筋头及时收集整理，废弃混凝土及时清运，工完场清。

⑥垃圾：零星建筑垃圾袋装化，及时清运出现场；用密封式圈筒稳妥卸下建筑物内垃圾，严禁抛掷。

⑦安全网：封闭严密整齐，定期清洗。

⑧标识标牌：竖好立正，丢失、损坏立即补齐。

⑨清洁卫生：现场做到工完场清，场地、办公区由专人保洁，保持整洁、卫生。生活区域设置花池，种花、种草，进行绿化。

（6）“六牌两图”

在场区入口醒目位置设置“六牌两图”。其中，“六牌”为工程概况牌、施工现场安全管理制度牌、施工现场消防保卫管理制度牌、施工现场场容管理制度牌、施工现场环境保护制度牌、施工现场卫生管理制度牌；“两图”为施工现场平面图、项目部组织机构图。

3.4.2.4 项目现场检查

生活垃圾填埋场通常存在恶臭气体外逸扩散、渗滤液渗漏运移等环境风险隐患，并在生态治理工程施工运行期间，可能加剧上述污染物的迁移扩散过程，从而存在一定的舆情风险。因此，颜春岭垃圾填埋场生态治理工程自开工建设以来，陆续受到了行业主管部门、监管部门、项目业主单位、参与单位、社会组织、周边群众等社会各界的广泛关注，进行了大量的调研检查和座谈交流。为确保调研检查活动顺利进行，全过程环保管理咨询人员通过参加各类现场检查活动，详细介绍了颜春岭项目的施工技术工艺，并通过统计分析各参建单位开展的一系列环境监测数据，准确汇报颜春岭项目的整改治理成效。同时，科学回复颜春岭项目施工质量监管和二次污染防治等相关问题，从而逐渐树立颜春岭垃圾填埋场生态治理工程的正面典型形象。

3.4.2.5 工作信息简报

颜春岭垃圾填埋场生态治理工程的建设内容涵盖超容垃圾开挖外运处置、陈腐垃圾转运筛分、失效飞灰螯合回填、垂直帷幕灌浆、复合防渗墙搭设、填埋堆体整体好氧稳定化处理和剩余堆体规范封场等分项工程，且在具体的工程施工运行过程中存在咨询论证、技术交底、现场抽检、施工变更、调度协调等工作。因此，全过程环保管理咨询单位通过工作简报的形式对相关的重要事件进行整理汇编，并记录了颜春岭垃圾填埋场生态治理工程的全过程内容，从而为后续开展的竣工验收与审计审查等工作提供了重要依据。

3.4.3 第三方成果审核

通过审核各参建单位的合同成果，协助审核施工过程中重点资料，具体如表 3-2 所示。

表 3-2 协助审核内容统计

序号	单位名称	成果名称
1	设计单位	《颜春岭生活垃圾填埋场环境治理和生态修复工程变更申请单》
2	施工单位	《颜春岭生活垃圾填埋场环境治理和生态修复工程施工组织设计》
3		《颜春岭生活垃圾填埋场环境治理和生态修复工程施工日志》
4		《颜春岭生活垃圾填埋场环境治理和生态修复工程变更申请单》
5		《颜春岭生活垃圾填埋场环境治理和生态修复工程转运联单》
6		《颜春岭生活垃圾填埋场环境治理和生态修复工程台账记录》
7	监理单位	《颜春岭生活垃圾填埋场环境治理和生态修复工程监理日志》
8		《颜春岭生活垃圾填埋场环境治理和生态修复工程监理旁站记录》

通过对项目实施全过程形成的各种形式的第三方成果进行审核把关，全程参与专家咨询、专家评审等环节。

3.4.3.1 对第三方成果的规范性和科学性进行审核

（1）规范性审核

对第三方成果的规范性和完整性进行审核，对格式、报送单位、编制单位等的规范性进行审核把关。

（2）科学性审核

全过程环保管理咨询单位对第三方成果进行形式审查，确保各分项工程的成果满足国家各项标准的要求。

3.4.3.2 组织专家咨询及专家评审

根据项目实际需要，全过程环保管理咨询单位对第三方单位出具的成果文件进一步组织专家进行咨询、函审或者评审，包括初步设计、专项设计方案、施工图设计、施工组织设计、应急预案、专项施工方案、变更文件、施工总结报告、监理方案、监理总结报告、效果评估工作方案和效果评估报告等，并跟踪指导后期修改备案工作。

3.4.4 全过程技术服务

作为建设单位的智库，提供全过程技术服务，进行与该项目相关的环境问题沟通、解答和管理咨询服务等。为建设单位提供答疑解惑，协助建设单位完成各级检查工作，提交相应汇报材料。

3.4.4.1 建立环境问题沟通、解答和管理咨询服务通道

在项目部设立全过程环保管理咨询专用办公室，全过程环保管理咨询单位派遣经验丰富的工程师驻场，为建设单位、设计单位、施工单位、监理单位等提供技术咨询服务。

建立项目管理群，由各参建单位项目主要人员、全过程环保管理咨询单位技术骨干、生态环境类专家、财务专家等组成，随时随地进行问题沟通，答疑解惑。

3.4.4.2 建立相关部门沟通模式

全过程环保管理咨询单位将本项目整改情况及时向各级住房和城乡建设主管部门与生态环境主管部门等汇报，建立常态化沟通模式，及时发现问题并纠偏。

3.4.5 应急管理

根据颜春岭垃圾填埋场存在的主要环保安全风险隐患，结合该生态治理工程的施工内容，参照同类重大工程的全过程环保管理咨询实践经验，建立了一套完善的应急管理体系，其中，《边坡作业失稳专项应急预案》通过提出颜春岭垃圾填埋场生态治理工程边坡作业过程中可能存在的坡体失稳甚至区域沉降等安全隐患以及对应的预防应对措施，能够有效规避此类生产安全事件的发生。《存量飞灰破碎开挖运输以及二次污染防控专项应急预案》通过提出存量飞灰以及二次污染对人体健康造成的影响，分析在飞灰开挖运输过程中飞灰对于周围人群的暴露途径，提出对应的健康防护措施；同时，通过识别场内各项施工过程中可能产生的二次污染及其暴露途径，提出有针对性的污染防范措施，从而有效避免场内施工对人体健康和生态环境的污染影响。《舆情防控专项应急预案》通过分析在颜春岭垃圾填埋场生态治理工程实施过程中可能引发的社会舆情风险，提出此类项目应在“敞开大门做环保”的总体原则下，通过开展居民代表现场观摩、居民代表座谈交流、监测数据公开发布、垃圾处理环保科普等多种形式的主题活动，向社会公开颜春岭垃圾填埋场生态治理工程的施工内容及治理成效，从而从根本上消除该工程的舆情风险。《防恶臭气体外溢污染环境专项应急预案》通过提出颜春岭垃圾填埋场生态治理工程技术方案中各项恶臭

气体外逸防护技术措施以及在现场实施过程中的各项标准要求，避免在施工过程中的恶臭气体外溢扩散。《防爆炸防中毒专项应急预案》应全面分析在颜春岭垃圾填埋场生态治理工程实施过程中爆炸、中毒等危害的潜在隐患源头，并分别提出明确的预防措施及监管办法，从而杜绝此类事件发生。《防风度汛专项应急预案》应科学分析颜春岭垃圾填埋场生态治理工程实施过程的气候气象特征，并基于已有的天气记录，针对可能发生的恶劣气象因素以及可能对项目施工过程产生影响的天气条件，制定明确的应对措施及必要的抢险救灾内容，从而尽量减小天气因素对工程施工进度和施工质量的影响。

4 建立专家帮扶指导

生活垃圾填埋场环境治理是一项复杂的系统工程，对专业知识的深度与广度要求极高，不仅涉及固体废物环境管理、环境污染控制等环境工程领域的专业知识，还涵盖重大工程评估考核、生态环境执法、土壤和地下水环境、市政规划、气候与双碳、工程其他等领域。通过建立专家智库，深度融合各方面的专业知识，能够确保生活垃圾填埋场生态环境治理工作的科学性、有效性和可持续性。

颜春岭垃圾填埋场环境治理工程敏感度高、关注度高、施工工艺复杂，主要建设内容包含超库容垃圾开挖外运、飞灰螯合、垂直帷幕钻孔灌浆、复合防渗墙开槽搭设、填埋堆体整体好氧稳定、填埋堆体封场覆绿、在线实时监测以及恶臭气体防控等部分，涉及污染治理修复、岩土工程勘察、水利和生活垃圾填埋场污染防治等多个行业领域。根据项目主要建设内容，结合在大型生活垃圾填埋场污染治理和生态修复工程的全过程环保管理实践经验，组建专家智库，并定期对专家智库的相关工作进行更新维护，对颜春岭垃圾填埋场生态环境治理工程的顺利实施具有重要的作用。

4.1 建立项目专家库

4.1.1 专家入库基本条件

为了有效推进颜春岭垃圾填埋场环境治理工程建设，充分发挥专家学者在项目工作中的作用，优化专家团队的选取和使用，提高决策的科学化水平，专家库按标准规范、动态管理、信息共享的原则建设和运行。

结合项目建设的内容，专家库的专业领域主要覆盖以下几个方面：

①应对气候变化和低碳；

②大气、水、土壤、生态环境保护以及水文地质；

③市政管理、固体废物（垃圾填埋场）、机动车环境管理，噪声、恶臭污染防治；

④生态环境监测、执法和应急、环境影响评价、排污许可管理、生态损害赔偿、清洁生产审核；

⑤生态环境规划、政策、法规、标准、宣传和信息化；

⑥其他与生态环境保护相关的方面。

入库专家应符合以下基本条件：

①热爱党、国家和人民，拥护党的基本路线，坚持原则、作风正派、廉洁奉公、遵纪守法，具有良好的职业道德，自愿参加颜春岭垃圾填埋场环境治理和生态修复工程各项生态环境保护相关工作；

②熟悉生态环境和填埋场整治相关领域的法律法规，了解国家和海南省相关政策、标准、技术规范等；

③在生态环境、市政管理相关专业或行业中有较深造诣和较高声誉，熟悉其专业或行业的国内外情况和动态；

④具有高级专业技术职称，或具有博士学位，或取得相关行业职业资格证书，或具备丰富的行政管理经验及决策咨询经验；

⑤无违纪违法等不良记录，无被取消有关专家资格的情形；

⑥年龄原则上在70周岁以下（院士除外），身体健康，能胜任相关工作。

4.1.2 入库专家权利和义务

入库专家享有以下权利和义务：

①遵守职业道德，公正、公平、客观和科学地进行咨询、评审，在参与咨询、评审过程中充分发表个人意见；

②以个人身份独立提出意见和建议，不受任何单位和个人的干预；

③按照有关规定获取相应劳务报酬；

④对专家库的管理提出意见和建议；

⑤严格履行保密义务，由于泄密造成不良后果的，承担相应责任。

4.1.3 专家库组成

结合颜春岭垃圾填埋场生态环境治理工程项目特点，建立起由近百位专家组成的项目专家库，专家领域涉及重大工程评估考核、生态环境执法、土壤和地下水环境、水文地质与矿山、固体废物环境管理、市政规划、填埋场环评及二次污染防治、生活垃圾填埋场治理、气候与“双碳”及工程其他领域。专家从业单位涵盖生态环境部直属单位、地方环境管理机构、高校、科研院所和企业等。专家职称均为高级工程师、副研究员及以上（图 4-1～图 4-3）。

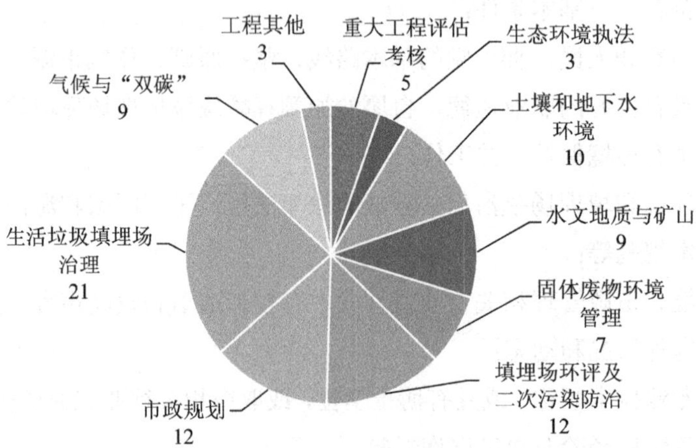

图 4-1 专家领域分布情况

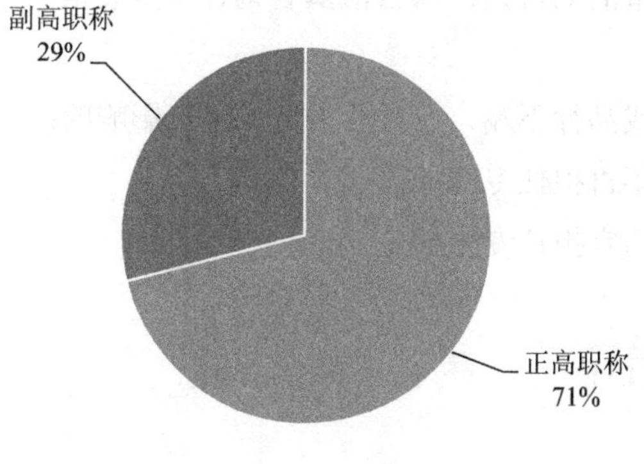

图 4-2 专家职称分布情况

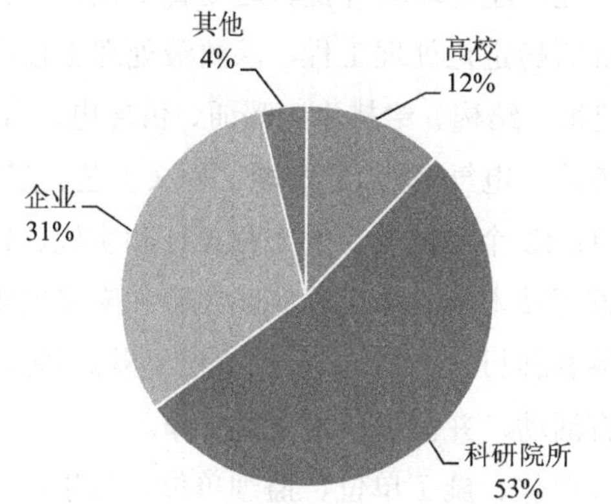

图 4-3 专家所属单位性质分布情况

4.1.4 专家库动态管理

专家库实行信息定期更新机制，由全过程环保管理咨询单位和业主单位负责各子库专家名单的更新确认。具有下列情形之一的，予以调整出库：

①因超龄、从事其他行业等个人原因不再符合入库专家基本条件的；

②违反有关法律规定，弄虚作假，未客观公正履职的；

③违反科研和评审活动规定，擅自泄露咨询评审重要信息，为本人或他人谋取不正当利益；

④违反科学道德或品行不端，在行业内造成不良影响的；

⑤本人书面申请不再担任专家的；

⑥有其他情形不适宜担任专家的。

4.2 专家检查指导

4.2.1 技术交流与专业培训

颜春岭垃圾填埋场生态环境治理工程施工工艺复杂，共涉及调蓄景观池工程、快速好氧稳定化预处理工程、超容垃圾开挖转运处置工程、垃圾中转站工程、飞灰开挖转运工程、整体好氧稳定化处理工程、渗滤液处理工程、剩余垃圾封场及绿化工程、公用工程（建筑、结构、给排水、暖通、供配电、自控仪表）、消防工程（建筑消防、给排水消防、电气消防）、节能工程（工艺、建筑、结构、电气、给排水、暖通）、总图工程 12 个专题项目的工程设计和实施。针对每个子项目的国内外发展现状、国家推荐技术、具体工程实践经验和未来展望，组织专家开展技术培训，同时结合世界森林日、世界地球日、世界环境日等，开展多种形式的污染防治攻坚战宣传教育活动，并提供技术支持工作。

在广泛了解项目设计单位、施工单位、监理单位、效果评估单位以及管理部门的培训需求后，全过程环保管理咨询单位积极组织开展技术培训工作，包括行业专家的邀请、培训内容的商讨等。充分发挥专家库优势，邀请顶级行业专家通过项目专题培训、社会公益讲座和国家集中培训等方式，根据项目设计单位、施工单位、监理单位、效果评估单位以及管理部门的需求，共计开展 10 余次专业技术交流和专业培训，并积极进行互动交流，每次培训后形成会议纪要，详细梳理培训重点内容和关键问题，便于指导后期工程项目的顺利开展。

4.2.2 隐患排查和专业指导

根据项目实施情况和技术要求，邀请专家库中的专家到现场进行检查指导，对工程实施过程中存在的问题、难题进行答疑解惑，并及时纠正。重点系统开展必要的现场环境隐患和风险排查，全面梳理填埋场现存环境管理及工程漏洞，以及工程安全风险，形成隐患排查工作台账。通过日常检查、视频监控、采样监测等方式开展隐患评估。针对排查的环境隐患问题，对颜春岭垃圾填埋场的管理部门、施工单位、建设单位以及效果评估单位开展必要的宣讲，交流当前存在的隐患问题，动员各单位全面落实整改措施。

4.2.3 成果审核

根据工作进展要求和阶段性成果验收，从专家库中选取权威专家对第三方子项目工作方案、工作成效和报告成果进行审核，严格技术把关并提出修改建议，出具专家意见。

5 全过程环保管理制度建设

5.1 工作意义

管理制度体系建设运行是规范各项工作正常流转、明确各项工作标准要求，最终实现各项工作有序推进的重要保障。自颜春岭垃圾填埋场生态治理工程开工之日起，全过程环保管理人员根据前期项目资料，结合生态治理工程主要建设内容，研究建立全过程环保管理制度体系，并在项目推进过程中，结合项目实际需求，总结项目工作经验，陆续编制发布新的全过程环保管理制度，逐步形成了较为系统和完善的生态治理工程项目全过程环保管理制度体系。

5.2 工作目标

全过程环保管理制度体系对于界定主体责任、理顺工作流程、保障施工质量、确保按期完工等方面具有重要意义。因此，通过制定技术管理、施工质量管理、施工进度管理、二次污染防治管理等相关制度文件，规范颜春岭垃圾埋填场生态治理工程施工运行过程中的技术管理，确保现场施工质量与进度，严格落实二次污染防治措施，并系统推进现场环境污染风险隐患的整改。这些制度为科学组织施工、规范开展污染防范、全力保障施工安全、及时落实整改措施、有序推进项目实施等提供了基本遵循，也为顺利实现颜春岭垃圾填埋场生态治理工程目标奠定了坚实基础。

5.3 工作内容

根据项目分项工程施工内容，参照生活垃圾填埋场生态修复工程领域的全过程环保管理实践经验，结合项目推进过程中遇到的实际问题及现实需求，逐步建立并完善了全过程环保管理制度体系。

项目的全过程环保管理制度体系包含 1 份管理总则和多份管理细则，其中，管理总则为《颜春岭垃圾填埋场环境治理和生态修复项目管理总则》；管理细则包括《颜春岭垃圾填埋场环境治理和生态修复项目技术管理制度》《颜春岭垃圾填埋场环境治理和生态修复项目技术培训教育管理制度》《颜春岭垃圾填埋场环境治理和生态修复项目施工质量管理制度》《颜春岭垃圾填埋场环境治理和生态修复项目进度管理制度》《颜春岭垃圾填埋场环境治理和生态修复项目二次污染防治管理制度》《颜春岭垃圾填埋场环境治理和生态修复项目设备安全管理制度》《颜春岭垃圾填埋场环境治理和生态修复项目环境卫生管理制度》《颜春岭垃圾填埋场环境治理和生态修复项目公众参与管理制度》《颜春岭垃圾填埋场环境治理和生态修复项目对外宣传制度》《颜春岭垃圾填埋场环境治理和生态修复项目舆情防控预案》《颜春岭垃圾填埋场环境治理和生态修复项目应急管理制度》《颜春岭垃圾填埋场环境治理生态修复工程全过程环保管理技术问题回复制度》等（图 5-1、表 5-1）。

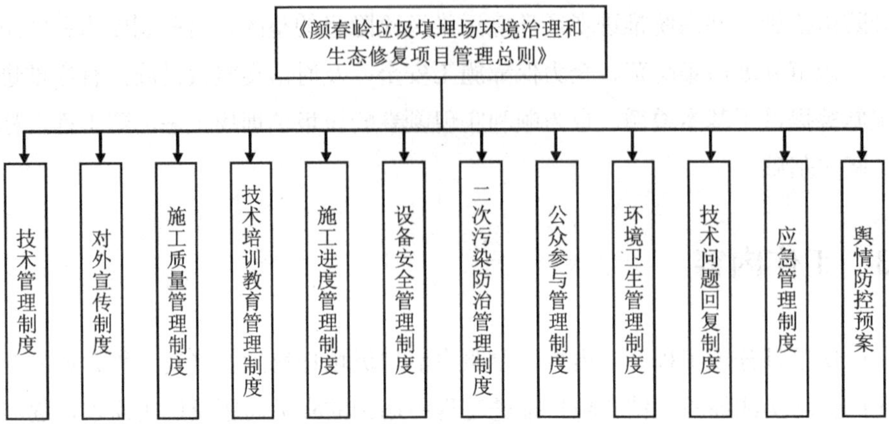

图 5-1　颜春岭项目全过程环保管理制度体系架构

表 5-1　颜春岭项目全过程环保管理制度名称及主要内容概述

序号	制度名称	主要内容概述
1	《颜春岭垃圾填埋场环境治理和生态修复项目管理总则》	项目的管理原则、管理方法和管理内容等事项
2	《颜春岭垃圾填埋场环境治理和生态修复项目技术管理制度》	项目涉及的图纸自审制度、图纸会审制度、施工组织设计方案的编制与管理、施工作业指导书的编制与管理、技术交底制度、技术核定制度、单位工程施工记录制度、技术复核制度、隐蔽工程验收制度、科技开发和推广应用管理制度、施工技术总结、技术标准管理制度和工程技术档案制度等技术管理
3	《颜春岭垃圾填埋场环境治理和生态修复项目技术培训教育管理制度》	项目技术培训教育的选题、组织和培训管理等内容
4	《颜春岭垃圾填埋场环境治理和生态修复项目施工质量管理制度》	项目施工质量管理的任务目标、方法体系、参与单位、职责分工和监督管理等内容
5	《颜春岭垃圾填埋场环境治理和生态修复项目二次污染防治管理制度》	项目二次污染防治的任务目标、方法体系、参与单位、职责分工、监督管理和整改落实等内容
6	《颜春岭垃圾填埋场环境治理和生态修复项目设备安全管理制度》	项目现场施工涉及的设备设施安全的任务目标、参与单位、职责分工、使用管理、监督检查和维修保养等内容

序号	制度名称	主要内容概述
7	《颜春岭垃圾填埋场环境治理和生态修复项目环境卫生管理制度》	项目现场施工期间项目部范围内环境卫生的环卫目标、参与单位、职责分工、监督检查和临时管理等内容
8	《颜春岭垃圾填埋场环境治理和生态修复项目公众参与管理制度》	项目公众参与的管理制度、工作目标、参与单位、职责分工、现场接待和记录反馈等内容
9	《颜春岭垃圾填埋场环境治理和生态修复项目对外宣传制度》	项目对外宣传的工作制度、工作目标、参与单位、职责分工、编辑校核和宣传推广等内容
10	《颜春岭垃圾填埋场环境治理和生态修复项目舆情防控预案》	项目舆情防控的工作原则、工作目标、防控内容、参与单位和职责分工等内容
11	《颜春岭垃圾填埋场环境治理和生态修复项目应急管理制度》	项目现场施工过程中综合应急管理以及舆情防控专项、防风度汛专项、防火灾防爆炸防中毒专项、防恶臭气体外逸污染环境专项、边坡作业失稳专项、存量飞灰开挖外运及二次污染防控专项、机械设备事故专项、中暑事故专项、触电事故专项、物体打击事故专项、食物中毒事故专项、急性传染病专项、交通事故专项等 13 个专项的应急管理工作原则、工作内容、职责分工等内容
12	《颜春岭垃圾填埋场环境治理和生态修复工程全过程环保管理技术问题回复制度》	规范项目技术问题回复流程，加强项目实施过程中档案管理

6 温室气体成效评估

在项目已有温室气体监测体系的基础上，深入开展垃圾填埋场和周边环境二氧化碳、甲烷等温室气体排放长期监测，评估温室气体浓度和影响范围变化趋势，开展整改前后温室气体减排核算。

6.1 研究背景

2020 年 9 月 22 日，国家主席习近平在第七十五届联合国大会一般性辩论上发表重要讲话："中国将提高国家自主贡献力度，采取更加有力的政策和措施，二氧化碳排放力争于 2030 年前达到峰值，努力争取 2060 年前实现碳中和。"生活垃圾的处理处置过程对温室气体有较大贡献。联合国政府间气候变化专门委员会（Intergovernmental Panel on Climate Change，IPCC）的温室气体名录指出，生活垃圾处理处置环节释放的温室气体有二氧化碳（CO_2）、甲烷（CH_4）和一氧化二氮（N_2O）。基于 100 年时间尺度的全球变暖潜势（Global Warming Potential，GWP），CH_4 的 GWP 是 CO_2 的 28 倍，N_2O 的 GWP 是 CO_2 的 265 倍。由于颜春岭垃圾填埋场填埋体量巨大，填埋场总库容已达 450.43 万 m^3，远超设计库容，垃圾堆体总量为 630.60 万 t，其中填埋飞灰 11.83 万 t，生活垃圾 618.77 万 t，形成高于南二环路地面约 55 m 的“垃圾山”，堆体产生的填埋气体主要成分为 CH_4 和 CO_2。

2022 年 1 月 24 日，中共中央政治局就努力实现碳达峰碳中和目标进行第三十六次集体学习，中共中央总书记习近平在主持学习时强调，“深入分析推进碳达峰碳中和工作面临的形势和任务，充分认识实现‘双碳’目标的紧迫性和艰巨性，研究需要做好的重点工作，统一思想和认识，扎扎实实把党中央决策部署落到实处”。要组织实施好“碳达峰十大行动”。行动之一就是大力推进生活垃圾减量化、资源化：①扎实推进生活垃圾分类，加快建立覆盖全社会的生活垃圾收运处置体系，全面实现分类投放、分类收集、分类运输、分类处理。②加强塑料污染全链条治理，整治过度包装，推动生活垃圾源头减量。③推进生活垃圾焚烧处理，降低填埋比例，探索适合我国厨余垃圾特性的资源化利用技术。到 2025 年，城市生活垃圾分类体系基本健全，生活垃圾资源化利用比例提升至 60%左右；到 2030 年，城市生活垃圾分类实现全覆盖，生活垃圾资源化利用比例提升至 65%。

基于颜春岭垃圾填埋场的全方位环境整治，包括超库容垃圾开挖工程、超库容垃圾焚烧工程、填埋场沼气发电、剩余垃圾封场工程、生态恢复工程等，在改善生态环境的同时，可有效减少温室气体产生量，积极响应国家“双碳”政策，紧抓碳中和发展机遇，践行循环利用、固体废物和危险废物资源化利用与环境和谐发展。

6.2 研究范围

空间范围：以颜春岭垃圾填埋场为主体，海口市、文昌市、琼海市、儋州市、屯昌县生活垃圾焚烧发电厂、渗滤液处理厂等作为配套处置设施，仅考虑因颜春岭垃圾填埋场垃圾开挖或渗滤液收集导致的处理能力增加。

时间范围：以 2020 年为起始年，到环境治理和生态修复工程项目竣工结束；按照工程实施前、工程实施中、工程实施后 3 个时期划分。

温室气体指标：CH_4、CO_2、N_2O。

6.2.1 研究思路与技术路线

通过现场调研、文献查阅、数据资料收集、专家咨询等方式，在全面摸清颜春岭垃圾填埋场温室气体排放历史、认清排放现状的基础上，以颜春岭垃圾填埋场为中心，开展垃圾填埋场、垃圾焚烧发电厂、渗滤液处理厂等多个环节的主要温室气体排放模拟，重点明确颜春岭垃圾填埋场环境治理、生态修复工程温室气体减排的实施路径和主要任务措施，系统评估不同区域和不同工艺温室气体与污染物排放情况，结合国内外温室气体与污染物协同控制技术及工程案例，分析相关控制措施产生的协同效益；强化重大政策和行动，创新体制机制，支撑颜春岭垃圾填埋场温室气体减排核算研究报告编制，为颜春岭垃圾填埋场环境治理和生态修复工程项目增添色彩。

颜春岭垃圾填埋场温室气体减排核算研究以《IPCC 国家温室气体清单指南》为基础，按照垃圾填埋场、垃圾焚烧发电厂、渗滤液处理厂三大区域，结合现场实测数据，通过一阶衰减模型、排放因子法、排放机理模型、定量统计学模型等方法，开展颜春岭垃圾填埋场温室气体减排核算研究工作。

（1）垃圾填埋场

一阶衰减模型：

$$E_{\mathrm{CH_4}}=\left(\sum\left(\mathrm{e}^{-(T-1)k}-\mathrm{e}^{-Tk}\right)\times \mathrm{MSW}\times \mathrm{MCF}\times \mathrm{DOC}\times \mathrm{DOC}_F\times F\times \frac{16}{12}-R\right)\times\left(1-\mathrm{OX}\right) \tag{6-1}$$

$$k=(\ln 2)/t_{1/2} \tag{6-2}$$

式中，$E_{\mathrm{CH_4}}$为垃圾填埋造成的甲烷排放量，g/（$\mathrm{m^2{\cdot}h}$）；T为计算排放量的总年数，a；k为反应速率常数；$t_{1/2}$为甲烷的半衰期；MSW 为垃圾填埋量，t；MCF 为基于填埋场的处置方式和填埋深度得到的甲烷修正因子；DOC 为垃圾中可降解的有机碳含量，mg/kg；DOC_F为可分解的 DOC 的比例，%；F为垃圾填埋气体中的甲烷比例，%；R为甲烷的回收量，kg；OX 为氧化因子。k的值为 0.3/a，$t_{1/2}$为 2.3 a。

LandGEM 模型：

$$Q_{\mathrm{p}}=\sum_{i=1}^{n}\sum_{j=0.1}^{1}kL_0\left(\frac{M_i}{10}\right)\mathrm{e}^{-kt_{ij}} \tag{6-3}$$

式中，n 为计算时年份–开始接收垃圾年份，a；j 为每 0.1 a；i 为第 i 年；k 为甲烷产生率，1/a；L_0 为最终甲烷产生潜力，m^3/t；M_i 为第 i 年中的垃圾填埋量，t；t_{ij} 为第 i 年中填埋的第 j 部分垃圾的填埋时间，a。

实测甲烷排放通量模型：

$$Q = \frac{M}{V_m} \cdot \frac{dc}{dt} \cdot H \cdot \left(\frac{273}{273+T}\right) \tag{6-4}$$

式中，Q 为甲烷排放通量，g/（m^2·h）；M 为甲烷分子量，取值 16；V_m 为标准状况下 1 mol 气体的体积，取值 22.4×10^{-3} m^3；dc/dt 为甲烷体积浓度时间变化率，m^3/（m^3·h）；T 为静态箱内温度，℃；H 为静态箱箱高，m。

（2）生活垃圾焚烧发电厂

$$E_{WI} = \sum_i IW_i \times EF_i \tag{6-5}$$

式中，E_{WI} 为垃圾焚烧造成的二氧化碳排放量，kg；IW_i 为焚化或露天燃烧的固体废物类型 i 的数量（湿重）；EF_i 为总和排放因子；i 为焚化或露天燃烧废物的类型，分别为城市固体废物（MSW）、污水污泥（SS）等。

（3）渗滤液处理厂

根据 IPCC 的推荐方法，本书选用了物料平衡法来计算污水处理和污水排放两个环节甲烷/氧化亚氮的排放量。

$$E_{WW} = E_{WS} + E_{WM} \tag{6-6}$$

$$E_{WS} = (COD_{WS} \times EF) - R \tag{6-7}$$

$$E_{WM} = (COD_{WM} \times EF) - R \tag{6-8}$$

$$EF = B_o \times MCF \tag{6-9}$$

式中，E_{WW} 为污水甲烷/氧化亚氮排放量，kg；E_{WS} 为污水处理甲烷/氧化亚氮排放量，kg；E_{WM} 为污水排放甲烷/氧化亚氮排放量，kg；COD 为化学氧化过程的有机物总量，kg；R 为甲烷/氧化亚氮的回收量，kg；B_o 为最大的甲烷产生能力（kg 甲烷/kg BOD 或 kg 甲烷/kg COD）；MCF 为甲烷转换因子比例。

技术路线如图 6-1 所示。

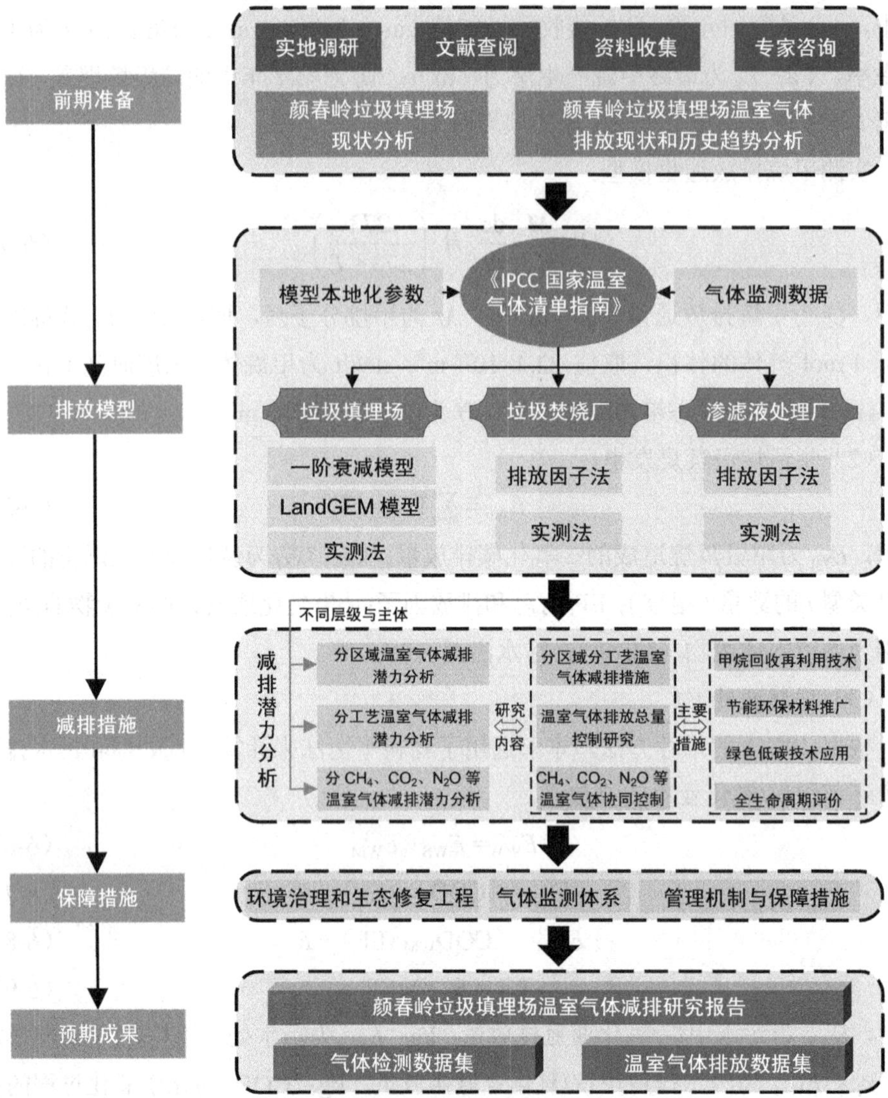

图 6-1 技术路线

6.2.2 研究目标

根据颜春岭垃圾填埋场各区域、各环节温室气体排放现状，全面梳理温室气体减排情况，提出有针对性的关键措施和对策建议，推动“双碳”背景下颜春岭垃圾填埋场环境治理和生态修复工程温室气体减排措施的有效落实。

目标一：开展温室气体减排分析

①不同区域温室气体减排分析。从工程实施前、中、后 3 个时期，对垃圾填埋场、垃圾焚烧厂、渗滤液处理厂等的温室气体排放进行评估，核算各区域温室气体减排能力。

②温室气体排放总量控制研究。建立 CH_4、CO_2、N_2O 等温室气体源清单，分类核算减排能力，全面支撑温室气体排放总量控制研究。

③CH_4、CO_2、N_2O 等温室气体协同控制研究。在气体监测和温室气体排放研究的基础上，分析 CH_4、CO_2、N_2O 等温室气体排放协同控制的可行性。

目标二：识别温室气体减排的主要措施

①结合工程实际，从甲烷回收再利用技术、节能环保材料推广、绿色低碳技术应用、全生命周期评价等方面，有针对性地提出各区域温室气体减排的主要措施。

②提出垃圾填埋场、垃圾焚烧厂、渗滤液处理厂温室气体排放总量控制对策建议。

③提出 CH_4、CO_2、N_2O 等温室气体协同控制对策建议。

目标三：提出低碳零碳填埋场建设的对策建议

从完善管理机制、强化能力建设等方面，提出颜春岭垃圾填埋场温室气体减排对策建议，做好颜春岭垃圾填埋场的环境治理和生态修复工程，圆满完成中央生态环境保护督察整改工作。

6.2.3 研究内容

（1）温室气体核算方法体系构建研究

结合《2006 年 IPCC 国家温室气体清单指南（2019 修订版）》和《生活垃圾填埋场填埋气体收集处理及利用工程技术规范》（CJJ 133—2009），立足颜春岭垃圾填埋场环境治理和生态修复工程项目实施基础，结合气体监测数据和模型本地化参数，按照垃圾填埋、垃圾焚烧、渗滤液处理 3 条核算主线，通过一阶衰减模型、排放因子法、排放机理模型、定量统计学模型等方法，开展不同时期温室气体排放核算和污染物协同控制研究。

（2）气体监测体系设计

针对垃圾填埋场、垃圾焚烧厂、渗滤液处理厂等区域的好氧稳定化抽气、开挖揭膜作业面、膜覆盖破损区、焚烧排放尾气、渗滤液处理、填埋气收集管道等布设监测点位，实现在线监测或定期监测。根据实际情况，设计监测点位数量、监测频率、监测时间等内容。采用静态箱、气体分析仪、在线仪表、数字化温度计、风速计等实测开挖揭膜作业面、膜覆盖破损区、渗滤液处理等点位的温室气体指标。

（3）温室气体排放现状评估与预测

①工程实施前：对垃圾填埋场、渗滤液处理厂等温室气体排放进行分析。基于一阶衰减模型、排放因子法和本地化参数，核算 2020—2021 年颜春岭垃圾填埋场和渗滤液处理厂温室气体排放量。

②工程实施中：对垃圾填埋场、垃圾焚烧厂、渗滤液处理厂等温室气体排放进行分析。基于一阶衰减模型、排放因子法和实测法，核算工程实施期间颜春岭垃圾填埋场环境治理和生态修复工程项目相关设施温室气体排放情况。

③工程实施后：对垃圾填埋场、渗滤液处理厂等温室气体排放进行预测。基于一阶衰减模型、排放因子法和实测法，核算工程实施后颜春岭垃圾填埋场环境治理和生态修复工程项目相关设施温室气体排放情况。

④不同区域温室气体减排分析。从工程实施前、中、后 3 个时期，建立 CH_4、CO_2、N_2O 等温室气体源清单，对垃圾填埋场、垃圾焚烧厂、渗滤液处理厂等温室气体排放进行分类评估，核算各区域温室气体减排能力，全面支撑温室气体排放总量控制研究。

⑤CH_4、CO_2、N_2O 等温室气体协同控制研究。在气体监测和温室气体排放研究的基础上，系统评估不同区域不同工艺 CH_4、CO_2、N_2O 等温室气体排放情况，识别温室气体协同控制的关键环节，分析相关控制措施产生的协同效益，提出最佳可行技术和最佳可行实践的协同控制关键举措。

（4）制定温室气体减排措施

通过文献查阅、现场调研、专家咨询等方式，梳理国内外垃圾填埋场及颜春岭垃圾填埋场环境治理、生态修复工程项目的甲烷排放管控和回收利用技术措施，制定超库容垃圾的开挖焚烧发电减排、渗滤液处理过程中温室气体回收再利用减排、整体好氧稳定化减排、剩余垃圾封场生态修复治理等措施。测算颜春岭垃圾填埋场不同项目施工阶段的温室气体减排效益，在垃圾填埋场、垃圾焚烧厂、渗滤液处理厂以及垃圾外运等方面提出控制温室气体排放的措施，并横向对比其他垃圾填埋场甲烷等温室气体减排措施，总结提出颜春岭垃圾填埋场温室气体减排路径。

（5）开展零碳工程建设的对策建议

通过加强温室气体减量和收集、甲烷再利用设计、太阳能等新能源开发和利用等路径，减少颜春岭垃圾填埋场温室气体排放。构建适应高比例可再生能源发展的新型电力系统，完善清洁能源消纳长效机制，降低场内能源消耗。推广建筑节能、绿色建筑，从全生命周期角度减少碳排放；保护、增强现有植被的固碳能力，形成生态碳汇优势。

（6）管理机制和保障措施

在完善管理机制、创新经济政策、强化能力建设等方面，提出颜春岭垃圾填埋场温室气体减排对策建议，做好颜春岭垃圾填埋场环境治理和生态修复工程，圆满完成中央生态环境保护督察整改工作。

①管理机制。提出完善区域温室气体排放总量控制、低碳技术、工艺优化设计、实施管理机制等相关制度与政策机制的建议，探索建立全生命周期碳足迹评估管理模式。

②经济政策。在多元化资金投入、市场机制创新、EOD 模式引入、税收优惠政策等方面研究提出颜春岭垃圾填埋场温室气体减排经济激励政策。

③能力建设。围绕落实颜春岭垃圾填埋场环境治理和生态修复及温室气体减排目标，在机构设置、人员队伍、硬件装备、科技创新与支撑等方面开展能力建设相关研究，提出相应的任务举措。

7 环境跟踪监测评估

本项目施工工艺复杂，在设计单位+施工单位+监理单位+效果评估单位合作框架下，全过程环保管理增加跟踪监测评估环节，评估颜春岭垃圾填埋场环境治理和生态修复工程施工过程中及施工前后生态环境改善效果，同时对各参建单位的规范化施工起到监督作用，保障工程质量。分别对周边空气（有组织废气、无组织废气、填埋气、敏感点环境空气等）、温室气体、土壤、地下水、地表水、飞灰和炉渣等环境质量进行跟踪监测与评估，形成监督性监测的权威报告，为后期工程验收和效果评估提供有力保障。

7.1 工作意义

自《中华人民共和国土壤污染防治法》实施以来，建设用地调查评估、修复施工、效果评估各环节的监管责任更加明确，过程把控越来越严格。颜春岭垃圾填埋场项目建设内容包括“垂直防渗帷幕管控体系+堆体治理工程+飞灰转运工程+超库容垃圾外运焚烧发电处置工程+剩余垃圾规范化封场工程+专项工程”，工艺复杂、进度紧迫，且所在区域相对敏感，为确保项目施工高效，落实中央生态环保督察及整改需求，尽早完成督察整改工作，有效解决填埋场的环境污染和安全隐患，项目组拟组建专业技术团队，并采用“常驻+日常技术支持”的方式，对项目施工前期、中期、后期开展为期不少于 3 年（总工期为 1 264 日历天，根据项目实际施工进度顺延）的全过程环保管理咨询工作。在设计单位+施工单位+监理单位+效果评估单位合作框架下，增加跟踪监测评估环节，对项目实施过程、实施成效以及二次污染防治工作进行整体把控，对各参建单位的规范化施工起到监督作用，进一步保障工程质量。

7.2　工作目标

为进一步保障本项目现场监测的科学性、精准性、权威性和全面性，项目组针对项目施工全过程进行跟踪监测评估和技术指导服务工作，高质量完成垃圾填埋场环境治理与生态修复目标，满足环境保护要求。切实推进项目保质保量完成，彻底解决颜春岭垃圾填埋场环境影响问题，一次性销号成功，并总结出可复制、可推广的项目亮点。

①全面审核施工单位、环境监理、效果评估单位环境点位布设、现场采样、样品保存流转以及实验室检测报告的规范性和科学性。

②采取抽样的方法，参考施工单位、环境监理、效果评估单位布点采样方案，聘请专业实验室［具有中国计量认证（CMA）资质］随机取样进行监督监测，并出具监督性检测报告。

③综合评估工程实施解决堆体超库容、稳定性风险，臭气及渗滤液渗漏污染地下水问题的解决成效，以及工程实施中二次污染防治问题，项目建成后应能达到改善现有垃圾填埋场对周围环境影响的目的。

7.3　工作内容

项目施工工艺复杂，在设计单位+施工单位+监理单位+效果评估单位合作框架下，增加跟踪监测评估环节，对各参建单位的规范化施工起到监督作用，进一步保障工程质量。主要对大气、土壤、地下水、施工环境等介质开展监测，形成监督性监测的权威报告，为通过效果评估提供有力保障。

7.4 技术路线

本项目采用“常驻+日常技术支持”的方式，开展全过程跟踪评估监测等环节，对项目施工前期、中期、后期开展全过程环保管理咨询工作，切实推进项目保质保量完成，彻底、根本性地解决颜春岭垃圾填埋场环境影响问题，确保整改项目达到提质量、控风险和立标杆的整体效果，坚决落实中央生态环境保护督察及整改需求，尽早完成督察整改工作，并总结可复制、可推广的项目亮点（图 7-1）。

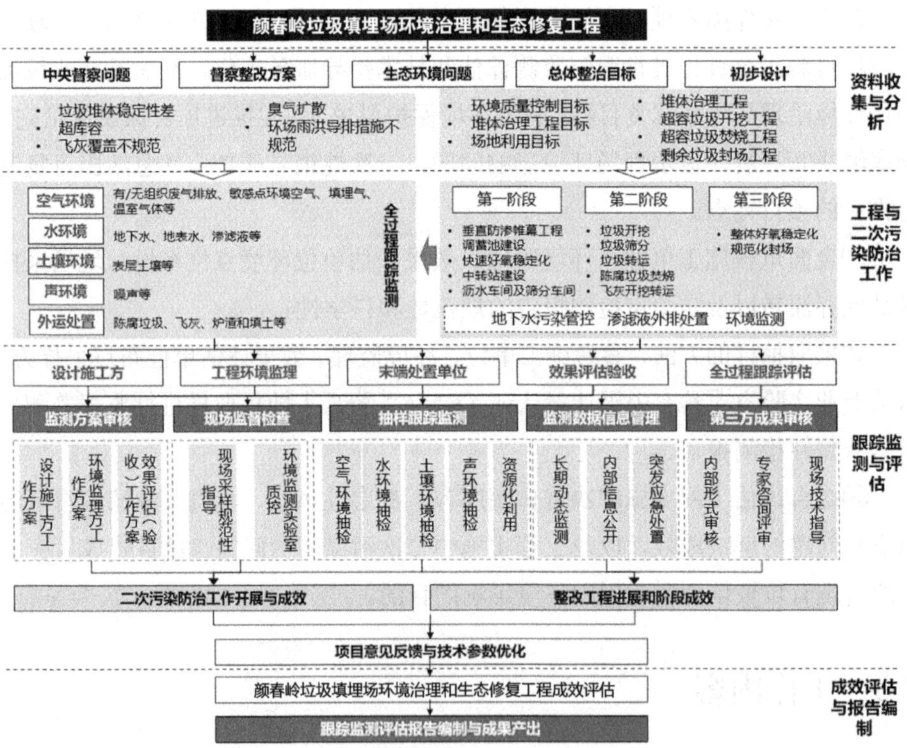

图 7-1 长期跟踪监测技术路线

7.5 跟踪监测总体方案

根据《生活垃圾填埋场污染控制标准》（GB 16889—2024）、《生活垃圾卫生填埋场环境监测技术要求》（GB/T 18772—2017）、《生活垃圾卫生填埋场封场技术规范》（GB 51220—2017）、《生活垃圾处理处置工程项目规范》（GB 55012—2021）等，在前期环境调查与监测结果、施工方自行环境监测方案的基础上，分别开展颜春岭垃圾填埋场生态治理工程现场监督检查、抽样跟踪监测及跟踪监测数据与信息管理工作。

7.5.1 现场监督检查

项目组质量监督人员以实地查看的方式，现场抽查采样工作过程是否符合方法标准和相关规范要求及实地采样的真实性。主要检查内容包括土壤、地下水、大气（有组织、无组织）、噪声等环境介质，以及渗滤液、炉渣、飞灰、腐殖土等外运处置采样过程、采样记录、样品检查、样品保存和运输检查等。现场采样的规范性评价按照监测方法标准、技术规范等相关规范标准的要求实施。

（1）现场采样规范性指导

根据颜春岭垃圾填埋场环境治理和生态修复工程设计及环境监测方案，飞灰、炉渣直接在堆体进行采样，地表水、渗滤液等有固定排口，因此要编制土壤、地下水、空气及噪声监测方案。在现场工作指导过程中，更加注重对土壤、地下水、空气以及噪声现场采样的规范性约束，主要在点位布设的合理性、采样节点和频次的科学性、样品采集、保存流转的规范性、监测指标的全面性、监测数据的有效性等方面进行规范性指导和质量把控。

（2）检测实验室资格性审查

在施工单位、环境监理单位以及效果评估单位监测工作开展过程中，空气、地表水、污废水、地下水、土壤环境质量以及产品质量监测，少部分工作采用在线实时监测或便携式监测设备开展环境监测，大部分监测工作需要委托具有中国计量认证（CMA）或中国合格评定国家认可委员会（CNAS）资质的专业监测机构进行实验室检测。对检测实验室进行资格性审查，审核检测实验室的内部质控资料。

7.5.2 抽样跟踪监测

为更好地开展环境跟踪监测，评估颜春岭垃圾填埋场环境治理和生态修复工程施工过程中与施工前后生态环境改善效果，分别对周边空气（有组织废气、无组织废气、填埋气、敏感点环境空气等）、温室气体、土壤、地下水、地表水、飞灰和炉渣等环境质量进行跟踪监测与评估。经现场采样，对部分点位和检测指标进行调整，科学高效评估颜春岭垃圾填埋场环境治理和生态修复工程实施成效。

根据设计施工方、环境监理方、末端处置单位和效果评估单位环境监测与二次污染防治工作，全面摸清工程施工前周边地下水、土壤和空气背景值，共布设 57 个采样监测点，平行样不低于样品比例 10%设置 8 个采样监测点，小计 65 个样品；工程实施全过程全面开展环境跟踪监测，有效评估工程实施阶段性成效，共布设 924 个采样监测点，平行样不低于样品比例 10%设置 103 个采样监测点，小计 1 027 个样品。因此，跟踪监测过程中共计采集样品 1 092 个（含平行样 111 个）。突发环境事件应急监测数量因具有不确定性，工作量暂时不纳入数据统计。

对于施工过程中，施工方与末端处置单位（垃圾焚烧厂、渗滤液处理厂、飞灰接收处置单位、炉渣资源化利用单位）之间垃圾和渗滤液外运资源化利用过程监测，严格依据接收方接收要求进行资料审核，同时加强接收方处置台账、二次污染防治工作和产品生产质量相关记录与证明。

7.5.3 跟踪监测数据与信息管理

环境跟踪监测数据资料应及时汇总整理，编制环境跟踪监测报告，建立长期动态监测档案。对于环境监测数据应该进行内部信息公开，如发现异常或发生事故，应加密监测频次，并及时调整优化施工方式，加强施工管理，及时合理采取应急响应措施，防止影响进一步扩大。

8 技术验证

8.1 评价背景

根据《环境保护技术验证评价通用规范》（T/CSES-1—2015）、《环境保护技术验证评价测试通用规范》（T/CSES-2—2015）等国家相关法规和标准要求，综合运用分析测试、数理统计以及专家辅助评价等方法，对需进行技术验证的内容如环境保护技术、环境保护效果、环境影响以及从其他环境观点出发的重要性能进行科学、客观、公正的测试和分析。

旨在通过技术性能评估和信息发布来促进新技术的开发和推广应用，使环境创新技术更快地为社会所接受和使用，从而更好地保护环境。根据技术的特点和技术自我声明，进行现场或实验室测试，收集和分析数据，评价新技术性能，编制技术验证评价报告和测试报告，发布验证评价结果声明。所有过程严格按照质量管理体系进行，以确保获得高质量的技术性能数据和可靠的评价结果。

8.2 评价程序

（1）制订评价方案

为了便于整个评价工作有序、科学开展，根据评价目的和技术方提供的资料，拟定技术评价方案，明确评价内容、评价方法及进度安排等，并商委托方、技术专家组同意。

（2）调研

通过文献资料和现场调研，以及专家咨询等，了解有关技术的国内外研究和应用进展、运行效果、运行管理成本及存在问题；调查技术应用现场的基本情况、技术构成、处理规模、现场设备实际运行情况、维护管理情况、物料消耗情况等。调研中获得的材料和数据应真实可靠，并能支撑评价结论。

（3）现场测试

评价机构已与技术持有方协商，委托第三方测试机构进行必要的现场测试。现场测试的内容应由技术评价小组与技术持有方、评价技术专家组确认。

（4）分析与评价

根据调研和现场测试结果，从技术的修复效果、可靠性、环境影响、生产成本等方面对技术进行综合分析和评价，得出评价结论。

对于证明材料不足时，可进行补充调研或咨询外部专家进行判定，并附详细的补充调研材料或专家书面意见。

（5）编制评价报告

评价工作小组编制评价报告。为保证评价报告科学、客观和公正，评价工作小组完成评价报告初稿后，征求评价技术专家和技术持有方的意见。评价报告最终经评价项目负责人审核签字、评价机构盖章后，提交技术持有方。

8.3 地下水污染管控工程——垂直防渗技术

8.3.1 评价内容

8.3.1.1 HDPE 膨润土复合墙参数

（1）HDPE 膜参数

本工程 HDPE 防渗膜采用 3 mm 厚 HDPE 膜，膜幅宽≥6 m，每卷长 100 m；接头选用 HDPE 连锁接头，宽 20 cm。HDPE 膜和连锁接头是分开送到工地的，需要根据实际孔深要求裁切成膜片后，两侧分别与连接锁扣接头采用热熔式双缝焊接，制成一片完整的膜。HDPE 膜的设计参数指标和 HDPE 膜连接结构参数要求分别详见表 8-1 和表 8-2。

表 8-1 HDPE 膜的设计参数指标

序号	检测项目	单位	性能指标
1	厚度	mm	3
2	宽度	m	≥6
3	毛糙度	mm	—
4	尺寸稳定性	%	±2
5	密度	g/cm^3	≥0.94
6	炭黑含量	%	2.0～3.0
7	拉伸屈服强度（横/纵向）	N/mm	≥45
8	拉伸断裂强度（横/纵向）	N/mm	≥85
9	拉伸屈服伸长率（横/纵向）	%	≥13
10	拉伸断裂伸长率（横/纵向）	%	≥700
11	直角撕裂负荷	N/mm	≥373
12	拉伸负荷应力开裂	h	≥400
13	200℃时氧化诱导时间	min	≥100
14	−70℃低温冲击催化	℃	通过
15	抗穿刺强度	N	960
16	水蒸气渗透系数	$g·cm/（cm^2·s·Pa）$	$≤1.0×10^{-13}$
17	生产工艺	平挤	

注：其他要求应按照《土工合成材料 聚乙烯土工膜》（GB/T 17643—2011）中相关规定执行，本工程不得采用再生料生产的 HDPE 土工膜。

表 8-2　HDPE 膜连接结构参数要求

序号	检测项目	单位	指标值
1	厚度	mm	3
2	密度	g/cm^3	≥0.94
3	炭黑含量	%	2.0～3.0
4	抗拉强度	N/mm	≥45
5	透水性	$g·cm/（cm^2·s·Pa）$	$\leqslant 1.0\times10^{-7}$
6	止水条直径	mm	6
7	止水条膨胀率	%	≥400

（2）膨润土复合墙参数

垂直阻隔屏障的厚度一般为 0.6～1.2 m，可采用式（8-1）计算：

$$L = F_S \times A \times H^B \tag{8-1}$$

式中，L 为垂直阻隔屏障的厚度，m；F_S 为安全系数，量纲一，考虑渗透稳定、机械侵蚀、化学溶蚀、施工因素等，一般取 1.5；H 为垂直阻隔屏障两侧水头差，m；A、B 为系数，量纲一，与阻滞作用、弥散作用相关，可按图 8-1 和图 8-2 选取合适的取值。

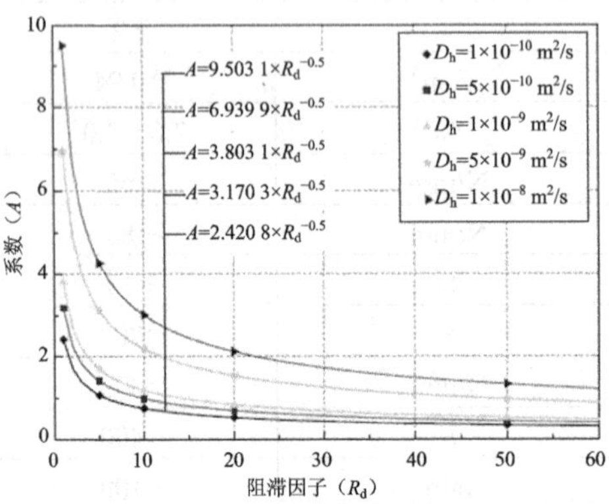

图 8-1　系数 A 的取值

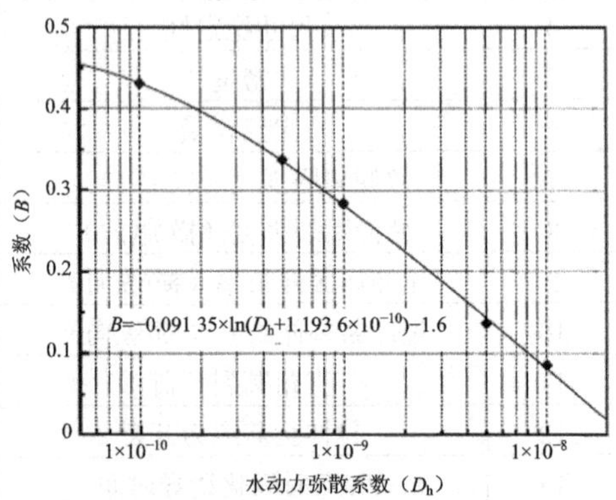

图 8-2　系数 B 的取值

注：①水动力弥散系数（D_h）常用取值为 1×10^{-10}～1×10^{-8} m^2/s。如阻隔屏障两侧水头差较大时取大值，水头差较小时取小值；如无经验数据，应进行试验测定。②阻滞因子（R_d），量纲一，参考国内外经验数据，重金属污染物宜取 3～40；如无经验数据，应进行试验测试，也可由式（8-2）计算。

$$R_{\mathrm{d}} = 1 + \frac{\rho_{\mathrm{d}} K_{\mathrm{p}}}{n} \tag{8-2}$$

式中，n 为阻隔材料孔隙率，量纲一；K_{p} 为阻隔材料分配系数，cm^3/g，有机污染物可取 0.5～5 cm^3/g；ρ_{d} 为阻隔材料干密度，g/cm^3。

水动力弥散系数 D_{h} 和阻滞因子 R_{d} 的取值与阻隔材料类型、污染物种类有关。阻隔厚度设计应根据初步拟定选用的阻隔材料类型，参考相关工程的经验数据，选择最危险、污染风险最大、最不利的污染物类型对应的参数和数据。

结合上述计算，阻隔墙的厚度为 0.5 m，考虑到施工设备的成槽要求，本次膨润土阻隔墙的厚度为 0.8 m。

（3）膨润土填料要求

HDPE 膜两侧回填料采用钠基膨润土，回填前膨润土填料中掺入硅酸盐水泥、骨料、高分子聚合物改性剂等外加剂，掺入量以现场试验为准。

（4）墙底密封剂

在 HDPE 膜复合膨润土墙的底部 2 m 高程范围内回填密封剂。

（5）帷幕灌浆检查孔预埋

施工 HDPE 土工膜膨润土复合墙时，在靠近墙轴线附近预埋检查孔，间距为 6 m，预埋管采用钢管，直径不小于 108 mm，壁厚 4 mm，预埋时确保钢管竖直，避免对 HDPE 土工膜造成损坏。

（6）HDPE 土工膜-膨润土复合墙质量控制和检查

①垂直 HDPE 膜本体单元的完整性检测。

②铺设过程中二幅膜连接件拉锁有效性检测。

项目结束后，应采用电法检测、监测井监测等方法对施工质量进行检验与验收。电法检测时，应在 HDPE 土工膜两侧布设测量电极和供电电极，采用双电极法对施工过程中 HDPE 土工膜完整性进行检测。监测井监测时，应在垂直防渗墙的内外两侧布设监测井，通过测量示踪剂或污染物的浓度变化监测防渗墙的阻隔效果。

8.3.1.2 高压帷幕灌浆参数

（1）平面布置工艺

上游侧（南面）高压帷幕灌浆布置两排，排距为 1.2 m，间距为 1.5 m（可根据现场灌浆试验成果进行调整），帷幕底线在透水率为 3～5 Lu 量级，灌浆深度为 0～100 m（可根据现场压水试验进行调整），上游侧高压帷幕灌浆的平面布孔见图 8-3。

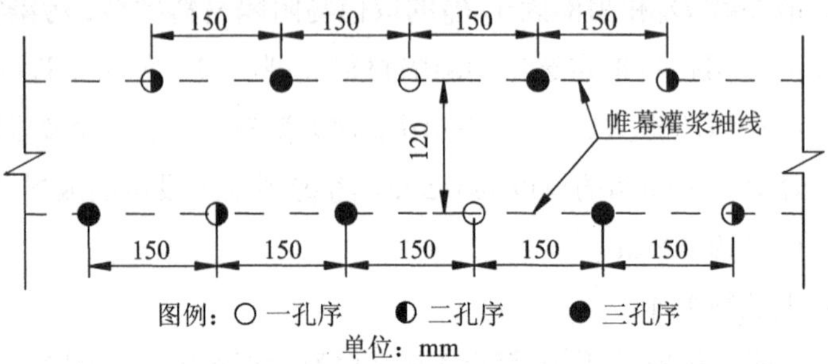

图 8-3 填埋场上游侧高压帷幕灌浆平面布孔

下游侧（北面、西面和东面）高压帷幕灌浆布置两排，排距为 1.2 m，间距为 1.5 m（可根据现场灌浆试验成果进行调整），布置在 HDPE 土工膜-膨润土复合墙的两侧，帷幕底线在透水率为 3～5 Lu 量级，灌浆深度为 30～100 m（可根据现场压水试验进行调整，0～30 m 只钻孔不灌浆），下游侧高压帷幕灌浆平面布孔见图 8-4。

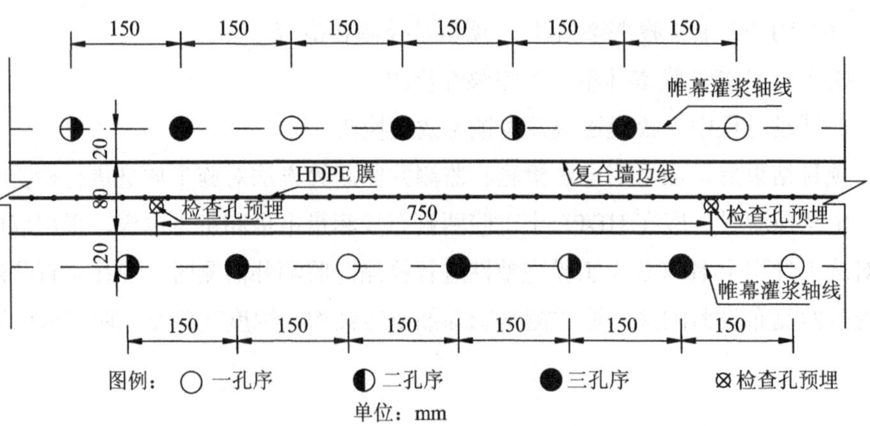

图 8-4 填埋场下游侧高压帷幕灌浆平面布孔

（2）灌浆参数设计

①高压帷幕灌浆与 HDPE 膜复合墙的搭接长度不小于 2 m。

②施工参数：a. 钻孔直径 91 mm；b. 灌浆压力：1.0～2 MPa；c. 水灰比：参考 0.8～2.0，浆液按照由稀到浓进行试验，具体结合灌浆试验确定；d. 灌浆压力、水灰比和水泥耗量具体以现场灌浆试验为准。

③帷幕灌浆防渗标准：帷幕灌浆垂直防渗帷幕渗透系数宜为 3～5 Lu 量级，采用压水试验进行防渗质量检测。

④施工之前需进行帷幕灌浆试验，通过试验段获取适宜的施工参数，施工参数（如压力、水灰比、孔距、排距等）的调整需征得设计单位同意。

⑤灌浆执行规范：《水工建筑物水泥灌浆施工技术规范》（SL/T 62—2020）。

（3）高压帷幕灌浆质量控制与检查

帷幕灌浆工程质量的评价应以检查孔压水试验成果为主要依据，结合施工成果资料和其他检验测试资料，综合分析确定。

①帷幕灌浆检查孔应在分析施工资料的基础上，在下述部位布置：

- 帷幕中心线上；
- 基岩破碎、断层与裂隙发育、强岩溶等地质条件复杂的部位；
- 末序孔注入量大的孔段附近；
- 钻孔偏斜过大、灌浆过程不正常等经分析资料认为可能对帷幕质量有影响的部位；
- 防渗要求高的重点部位（填埋场下游侧）。

②帷幕灌浆检查孔数量可按灌浆孔数的一定比例确定。用单排孔帷幕时，检查孔数量约为灌浆孔总数的 10%。用多排孔帷幕时，检查孔的数量可为主排孔数的 10%。一个单元工程内，至少应布置 1 个检查孔。

③帷幕灌浆检查孔的压水试验应在该部位灌浆结束后 14 d 内进行，检查孔应自上而下分段钻进，采用岩芯、绘制钻孔柱状图，岩芯应全部拍照或摄像，必要时可进行孔内摄像。检查孔压水试验应分段进行，试验宜采用单点法。

④帷幕灌浆工程质量的评定标准应为：经检查孔压水试验检查，基岩段的透水率的合格率为 100%，其余各段的合格率不小于 90%，不合格试段的透水率不超过设计规定值的 150%且分布不集中；其他施工或测试资料基本合理，灌浆质量

可评为合格。为此，拟定本工程帷幕灌浆检查孔质量合格标准为：检查孔压水试验透水率小于 5 Lu。根据《水工建筑物水泥灌浆施工技术规范》（SL/T 62—2020）要求，检查孔应在该部位灌浆结束后 14 d 进行，数量按灌浆主排孔数量的 10%左右控制，每个单元工程内至少布置 1 个检查孔。

8.3.1.3 渗滤液抽排井设计参数

（1）抽排井设计

本工程降水井布置 32 口，其中 NJ01～NJ19 降水井平均间距约为 25 m；根据抽排需求，井深采用 50 m。为确保降水井井径符合设计要求，开孔钻头直径不小于 580 mm，终孔钻头直径不小于 560 mm，降水井采用内径为 300 mm 的钢筋混凝土井管。过滤器为填砾过滤器，填砾规格为 6～12 mm 砾石，设计过滤器为填砾过滤器，填砾规格为 6～12 mm 砾石，填砾厚度大于 100 mm；砾石填至距地面 2.50 m 时，用黏土封孔。

成井时要求井孔圆整垂直，井管焊接牢固，安装垂直。洗井采用活塞和空压机联合洗井，确保洗井质量，达到正常抽水时含砂率小于 1∶100 000，以保证抽水设备正常运行。

成井施工时，周围不得进行旋挖施工。

抽排水井出水含砂量不得大于 1/100 000，抽水过程中监测出水含砂量，过大时可适当提升抽水泵。所有降水井滤管外包扎一层尼龙丝布，再在外面包扎二层尼龙窗纱。抽水泵采用土工布包裹，减少砂土流失。

（2）降水井结构

降水井成井直径：600 mm。

开孔钻头直径：580 mm。

终孔钻头直径：560 mm。

降水井采用内径为 300 mm 的钢筋混凝土井管。设计过滤器为填砾过滤器，填砾规格为 6～12 mm 砾石，填砾厚度大于 100 mm；砾石填至距地面 2.50 m 时，用黏土封孔。

（3）抽水设备

根据设计单井流量和设计降深，抽水设备采用 QY 型潜水泵（电动单级离心潜水泵，口径为 50～150 mm），额定流量不小于 80 m^3/h，扬程不小于 30.00 m。

（4）降水工程监测与维护要求

①抽水前应统一测量各井静止水位。

②抽水开始后，在水位未达到设计降水深度以前，每天观测 3 次水位。

③水位达到设计降水深度后，可每天观测 1 次水位；水位观测允许误差为 ±5 cm。

④绘制水位降深值 S 与时间 t 过程曲线图，分析水位水量下降趋势，预测达到设计降水深度要求所需时间。

⑤根据水位、水量观测记录，查明降水过程中的不正常状况及其产生的原因，及时提出调整补充措施，确保达到降水深度。

⑥抽水设备定期保养，降水期间不得随意停抽。

⑦注意保护井口，防止杂物掉入井内，经常检查排水沟，防止渗漏。

⑧更换水泵时，测量井深，掌握水泵安装的合理深度，防止埋泵。

⑨现场应采用双电源柴油发电机或准备一台 400 kW 柴油发电机备用，当发生停电时，及时切换电源，保持正常降水。

（5）抽提污染地下水处理

现场布设 32 口抽水井，单井出水能力为 80 m^3/h，合计 22 560 m^3/h，作业期间采用间断抽水，在常规情况下抽水 5 min/d，在极端条件下根据水文观测成果调整抽水时间。

经与建设单位联系了解，颜春岭垃圾填埋场南二环北侧的颜春岭垃圾渗滤液处理站处理能力为 2 500 m^3/d，目前仅运行 1 300 m^3/d，计算的抽提污染地下水 200 m^3/d，可泵送至渗滤液处理站进行处理。

8.3.2 技术验证指标

（1）监测井的布置

结合地下水调查结果，故本项目应对填埋场内地下水和填埋场周边超标的污染土壤进行风险管控，并对管控后的填埋场下游地下水开展长期监测。根据《污染地块风险管控与修复效果评估技术导则》（HJ 25.5—2018）、《污染地块地下水修复和风险管控技术导则》（HJ 25.6—2019），实施风险管控的地块应开展长期监测，一般通过设置地下水监测井进行周期性采样和检测。原则上，上游对照井至少设置 1 个，下游控制井至少设置 4 个。

通过现场调查，目前垃圾填埋场周围存在 6 口地下水监测井，监测井编号分别为 1#、2#、3#、4#、5#和 SW02，这些监测井结构完整，仍能发挥地下水监测的功能，后期可考虑纳入本项目长期监测系统中使用，具体位置详见表 8-3。

表 8-3　地下水现有监测井坐标一览表

点号	X	Y	H/m	备注
1#	2 204 921.549	402 734.411	88.555	填埋场监测井
2#	2 205 199.514	402 589.389	76.233	填埋场监测井
3#	2 205 350.942	403 193.256	75.969	填埋场监测井
4#	2 205 486.456	402 726.640	63.222	填埋场监测井
5#	2 205 508.348	402 838.684	60.077	填埋场监测井
SW02	2 205 510.137	402 734.270	58.118	补充地勘

根据《污染地块风险管控与修复效果评估技术导则》（HJ 25.5—2018）、《污染地块地下水修复和风险管控技术导则》（HJ 25.6—2019），增加监测点位。根据项目区地下水流向和地下水污染羽的分布情况，在填埋场库区北侧 30 m 处、西北侧 50 m、100 m、150 m 处，西侧 30 m 处共增加 7 口地下水监测井，具体位置以现场实际情况为准。

根据《地下水环境监测技术规范》（HJ 164—2020），结合《地下水监测井建设规范》（DZ/T 0270—2014）。本项目新增监测井孔径为 300 mm，内置ϕ160 穿孔 UPVC 管，管外采用 150 g/m^2 短纤针刺土工布和ϕ6～8 mm 级配砾石。

（2）监测指标

监测目标污染物为总硬度、溶解性总固体、耗氧量、亚硝酸盐、总大肠菌群、氯化物、钠、铁、锰、铝、镉、铅、氨氮 13 项。

（3）监测频次

根据《污染地块地下水修复和风险管控技术导则》（HJ 25.6—2019）的要求，当采用阻隔技术对地下水开展修复时，原则上监测频次为每季度 1 次，两个批次间隔不得少于 1 个月。

（4）监测时间

工程施工质量标准：项目经效益评估满足相关验收规范和行业标准，地下水监测点主要污染物浓度经 3 年观测期观测呈稳态或下降趋势。

8.4 快速好氧稳定化预处理工艺

8.4.1 评价内容

8.4.1.1 渗滤液收集系统

快速好氧稳定化工程的渗滤液收集，主要是将好氧过程中产生的水和堆体积存的渗滤液及时提升出来，输送至调蓄池进行处理，以降低堆体水位，防止堆体中水位过高，阻止注气、抽气管的正常运行，以及垃圾开挖过程中的渗滤液外溢。

渗滤液收集系统包括渗滤液收集井、渗滤液收集与导排管、渗滤液调蓄池。其中渗滤液收集井采用梅花形布置方式，井间距设计为 45～55 m，中心管采用 De630 的 HDPE 管；井深也暂时采用 6 m、3 m 两种规格。从中试掺烧试验打井的情况来看，试验区域井深 6 m，暂时未出现渗滤液积存情况，故渗滤液收集井是否布设需结合现场实际情况确定。填埋场渗滤液收集井井口标高比垃圾顶标高高出 300 mm，同时在井四周设置 2%的坡度，以防止封场表面雨水进入渗滤液收集井。收集井中的渗滤液通过潜污泵提升至渗滤液输送管道，最终进入调蓄池。

8.4.1.2 注气系统

注气系统由注气风机组、控制系统、气体管道、注气井、阀门、仪表等组成。利用注气风机，通过管道和均匀分布的注气井，向垃圾堆体内注入空气，使垃圾堆体内部呈现好氧状态，减少甲烷的产生。

好氧稳定化的空气注入采用离心风机，并在填埋场表面铺设输气管线，将空气输送至注气井中，进入垃圾堆体，工艺流程如图 8-5 所示。

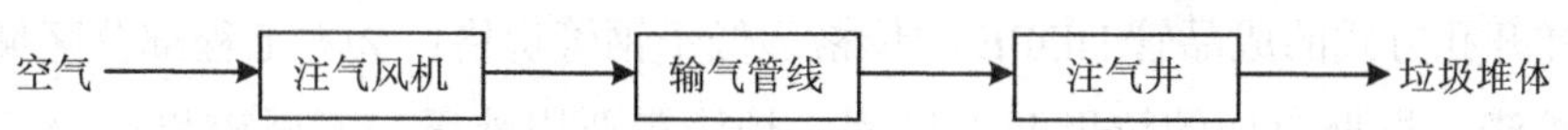

图 8-5 注气工艺流程

（1）井的布置形式、间距及数量

本工程中注气井和抽气井在运行过程中可根据实际情况进行转换，即注气井用作抽气井，抽气井用作注气井，注气井的结构和抽气井基本完全相同。本工程注气井的井位布置采用梅花形布置方式，井间距设计为 15 m。

《老生活垃圾填埋场生态修复技术标准（征求意见稿）》中规定：“好氧预处理区域面积和深度应根据填埋物总量、开采单元尺寸、施工工期、作业条件等确定，其中注气和抽气的管材打入堆体的深度应大于开采深度 0.5～1 m，以控制下层填埋物的恶臭和填埋气体的影响。”因此，快速好氧稳定化区域注气井的井深一般大于开挖深度 0.5～1 m（图 8-6）。

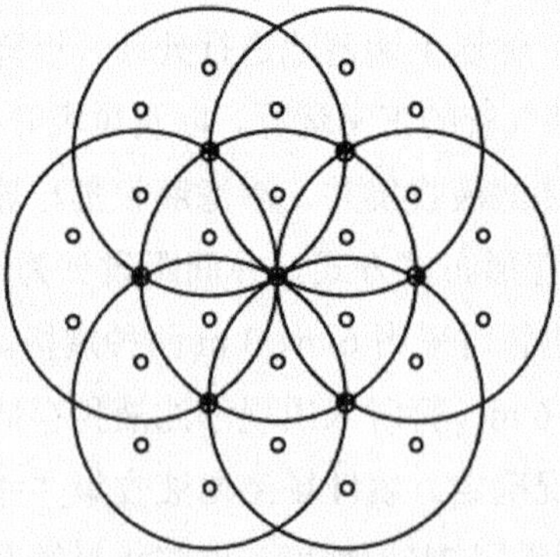

图 8-6　注气井布置形式

快速好氧稳定化的注气井直径 110 mm，在垃圾堆体上钻 110 mm 中空螺旋钻孔，垂直偏差小于 1%，内设置 De90 的有孔花管，井与套管之间的缝隙用垃圾回填，顶部用黏土或膨润土夯实，对井口周围进行密封，以防气体泄漏。关于管材方面，本工程建议采用 HDPE 管，原因如下：①本工程中试掺烧试验打井时，钢管无法简单直接打入，最后采用的方式还是先钻孔后下管，工序一样，而同管径的同样开孔方式的成品管 HDPE 的价格远低于钢管价格；②本工程部分区域内分布有炉渣，根据前期的垃圾开挖过程，炉渣需要用液压岩石破碎机破碎后才能开挖，说明炉渣层比较难穿透，采用振动夯机将钢管打入堆体的可实施性较差。

（2）通风量

快速好氧稳定化区域的通风量根据堆体的孔隙量和换气次数进行确定。根据相关资料，本项目垃圾孔隙度按 40%计；《老生活垃圾填埋场生态修复技术标准（征求意见稿）》中建议的好氧预处理时间为 7～10 d，本项目取值 10 d；鉴于本项目快速好氧稳定化区域为近年来填埋的新鲜垃圾，均位于堆体上部，压实度较低，且注气井、抽气井的间距较近，结合相关研究，本项目快速好氧稳定化区域气体置换一次所需时间按 0.25 d 计；表层垃圾堆填密度按 1 t/m^3 计。

根据计算，各区域的注气量如表 8-4 所示。

表 8-4 注气量计算

名称	快速好氧稳定化区域（以项目其中两个单元为例）
垃圾质量/t	70 584
孔隙/m^3	28 234
置换一次所需天数/d	0.25
快速好氧时间/d	10
总注气量/m^3	1 129 344
注气井数量/个	56
单个井的注气速率/（m^3/min）	1.4

快速好氧稳定化选用的注气风机可结合后续整体好氧所需的风机，届时可通过变频或阀门等调节风量大小，具体参数如表 8-5 所示。

表 8-5 注气风机配置一览表

设备名称	规格参数	单位	数量	备注
注气风机	150 m^3/min，80 kPa	台	1	变频、防爆、耐腐蚀

（3）注气管

注气管是指将注气风机引来的新鲜空气送入注气井中，以提高垃圾堆体的含氧量、保障好氧修复正常进行和加速堆体降解，实现抽气井、风机之间的相互衔接的通道，按级别可将注气管分为三级。

一级注气管：用于连接风机和二级注气管。由于抽气系统与注气系统在运行上是动态平衡的，因此设计注气系统的通风量与抽气系统的通风量相同。根据《采暖通风与空气调节设计规范》（GB 50019—2003），通过莫迪公式计算得到一级注气管管径为 De250。

二级注气管：用于连接一级注气管和各三级注气管。二级注气管管径的计算方式与二级抽气管相同，根据 GB 50019—2003 中所规定的支管流速，同时通过莫迪公式计算得出，二级注气管管径为 De160。

三级注气管：用于连接二级注气管和各注气井。三级注气管管径的计算方式与三级抽气管相同，根据 GB 50019—2003 中所规定的支管流速，同时通过莫迪公式计算得出，三级注气管管径为 De90。

8.4.1.3 抽气系统

快速好氧稳定化抽气系统的作用是将置换出来的垃圾堆体中的气体抽吸出来。快速好氧稳定化的作用主要是使堆体内呈好氧状态，减少甲烷和臭气的产生，时间持续较短，由于好氧微生物反应导致的气体量的变化可忽略不计，即抽气量与注气量一致。

根据前述，本工程中注气井和抽气井在运行过程中可根据实际情况进行转换，即注气井用作抽气井，抽气井用作注气井，注气井的结构和抽气井基本完全相同，井位布置同样采用梅花形布置方式，井间距设计为 15 m，井深采用 6 m、3 m 两种规格。

同样地，快速好氧稳定化选用的抽气风机可结合后续整体好氧所需的风机，届时可通过变频或阀门等调节风量大小，具体参数如表 8-6 所示。

表 8-6 抽气风机配置一览表

设备名称	规格参数	单位	数量	备注
抽气风机	150 m^3/min，−40 kPa	台	1	变频、防爆、耐腐蚀

8.4.1.4 气体净化系统

为资源整合利用，本项目拟选用后续整体好氧稳定化所配置的气体净化系统，规模为 40 000 m^3/h。

8.4.1.5 监测系统

监测系统是在现场情况下，在好氧修复过程中，利用专用仪器仪表，对垃圾填埋场中与好氧修复有关的各种参数进行监测和检测。根据监测和检测结果，及时调节各种控制参数，使好氧反应快速、稳定地进行。

快速好氧稳定化监测系统主要监测项目有垃圾填埋场的温度、垃圾填埋气产量和成分等。

监测井中安装有温度传感器和气体采样接口。温度由设置在监测井中的温度传感器进行测量，其信号通过线路传输到监测系统的控制系统中。气体成分通过现场安装的气体检测装置进行监测，通过安装在监测井中的采样接口进行采样，将监测结果传输到控制系统中。

本项目监测井的设置间距为 45～55 m，井深同样采用 6 m、3 m 两种规格。综合监测井直径为 110 mm，垂直偏差小于 1%，内设置 De90 的 HDPE 套管，套管内放置温度传感器和 De10 的 HDPE 气体检测管。井与套管之间的缝隙用垃圾回填，顶部用黏土或膨润土夯实，对井口周围进行密封，以防气体泄漏。

8.4.1.6 控制系统

控制系统是好氧修复运行管理的核心。所有的监测信息和参数被及时地记录下来，利用专用软件对这些数据进行分析和运算。然后，根据预设条件，得出最佳设备和设施运行参数，并由自动控制系统对设备和设施进行自动调节（图 8-7）。

快速好氧稳定化控制系统处理的主要监测数据包括监测系统所检测的全部项目：垃圾填埋场的温度、垃圾填埋气产量及主要气体成分（CH_4、O_2）等。

快速好氧稳定化控制系统主要控制的设备和设施及参数主要包括空气注入系统注入空气的流量和压力、空气抽取和排放系统抽取空气的压力和流量等。

日常运行检测控制的基本参数如下：

①填埋场排放气体（CH_4、O_2）；

②空气流量及注入量；

③垃圾温度，其中温度运行控制为 25～60℃。

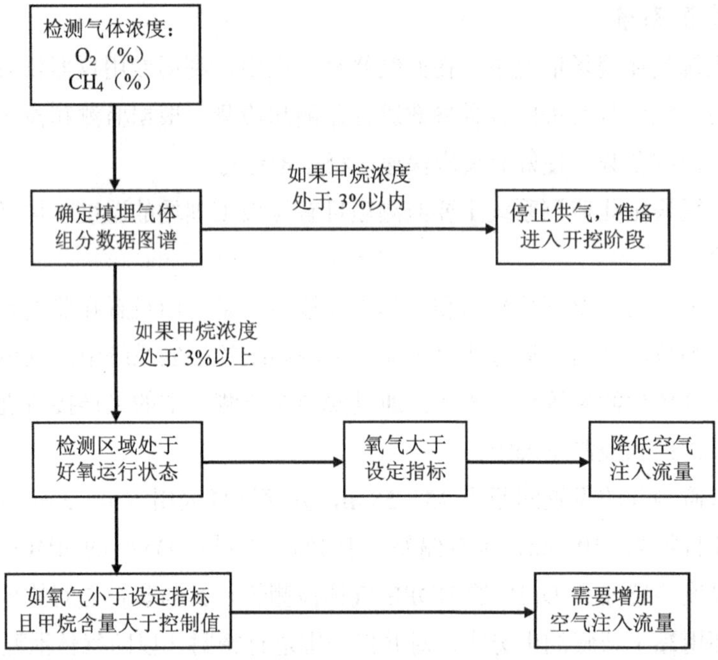

图 8-7 运行控制

8.4.2 技术验证指标

根据《老生活垃圾填埋场生态修复技术标准（征求意见稿）》，好氧稳定化预处理终止指标宜保证堆体中甲烷浓度低于5%。考虑到气体检测波动性较大，以及堆体内部的复杂性，本工程建议将监测井中甲烷浓度控制在3%以下作为可以开挖的条件。监测井中甲烷浓度低于5%标志着该区域快速好氧稳定化工作完成，为降低风险，设计当监测井中甲烷浓度稳定在3%以下2 h以上后，该区域才进入下一个阶段，即开挖工作阶段。

开挖过程中的垃圾堆体表面甲烷浓度报警值的设置，参考《石油化工可燃气体和有毒气体检测报警设计标准》（GB/T 50493—2019）可燃气体的一级报警设定值设置，即设定值应小于等于 25% LEL（爆炸下限）。甲烷与空气混合后遇火引起爆炸的限值为5%～15%，垃圾开挖过程中垃圾堆体表面甲烷浓度的报警值应设置为甲烷爆炸下限浓度5%的25%，即1.25%。开挖过程由现场便携式监测设备定期（间隔 2 h）对开挖区域表面及周边进行检测，超过报警值需要停止开挖作业，加大风炮投入以减少甲烷聚集，待甲烷浓度低于 1.25%再恢复开挖作业。

（1）运行正常控制参数

①堆体温度：范围为 30～75℃，最佳范围为 55～65℃；

②堆体湿度：范围为 25%～45%，最佳范围为 40%～45%；

③堆体中甲烷浓度：稳定运行后，＜1%；

④风机注气量：150 m^3/min；

⑤风机抽气量：150 m^3/min。

（2）正常工作时排气指标

好氧预处理系统正常工作时的排气指标为：

CH_4：＜1%体积分数；

CO_2：＜0.5%体积分数；

O_2：＞17.0%体积分数。

在开挖表面气体排放的指标为：

甲烷：＜1.5%体积分数；

硫化氢：＜5 ppm（1×10^{-6}）。

8.5 飞灰螯合稳定化

8.5.1 技术介绍

本项目螯合工艺采用“飞灰+螯合剂+水”的混合搅拌工艺。结合成都宝林环保电厂相关工程经验，本方案选择的螯合稳定化配比为飞灰∶螯合剂∶水=100∶4∶20（质量比）。在实际操作中，此配比会有浮动，具体配比将通过试验确定。螯合剂为有机硫系类的药剂。该工艺主要由以下系统组成：

①药剂溶液配制、输送称重系统；

②筛分、破碎系统；

③固态、半固态废物存储称重系统；

④混合搅拌及打包系统；

⑤污水收集回用系统；

⑥稳定化车间除尘系统；

⑦电气控制系统。

飞灰经螯合处理后，对养护后的飞灰螯合物进行浸出毒性等相关检测，检测结果满足《生活垃圾填埋场污染控制标准》（GB 16889—2024）中相关规定后，可进行填埋处置。本方案共设计两条螯合处理线。二班制运行，每班工作时间 6 h，设备运行时间 12 h，处理能力 20 t/h，每天可稳定化处理来料 480 t，螯合完成后稳定化飞灰约为 600 t/d。

本方案飞灰螯合处理的具体工艺流程如下：

①将需螯合处理的飞灰及其他辅助用料采样送入化验室进行试验分析，在化验室进行配比试验，检测试验稳定化体的重金属浸出浓度以及最佳配比等参数并提供给螯合车间，进而确定螯合剂品种、配方、消耗指标及工艺操作控制参数等。

②飞灰在开挖阶段经过初次破碎，通过收运车辆运至螯合车间 3 楼，再由装载机倒入固体废物接料斗。

③固体废物接料斗下设双轴撕裂式破碎机进行二次破碎，破碎后飞灰粒径小于 3 cm，并通过皮带输送机送入振动筛内筛分。

④过筛后的飞灰通过皮带输送机输送到飞灰储存斗内，飞灰接料斗下方设置计量秤，计量后的飞灰进入搅拌机与药剂进行搅拌混合。

⑤药剂来料采用桶装液体药剂，设置两套独立的药剂稀释系统和一套水箱，根据飞灰实际所需螯合剂情况，两套药剂系统既可以添加两种不同的药剂，也可以互为备用，保证药剂的连续供应。

⑥物料混合搅拌以后，开启搅拌机底部闸门，混合物料卸入搅拌机下方的吨袋打包机进行装袋。装袋后的飞灰通过叉车运至养护区养护。养护产生的废水经沉淀处理后，回用于养护。

⑦为了方便操作和运行管理，提高物料配比的准确度，单种类型废物料应采用单一混合搅拌，不同的时段搅拌不同的废物，不同类型废物料不宜同时混合搅拌。此外，混合搅拌机应定时清洗，尤其是在不同物料搅拌间隙时，更应对设备进行清洗。

8.5.2 技术验证指标

根据《生活垃圾填埋场污染控制标准》（GB 16889—2024）中飞灰入场要求的规定，需根据《固体废物 浸出毒性浸出方法 醋酸缓冲溶液法》（HJ/T 300—2007）对螯合养护后的飞灰进行检测。螯合养护后的飞灰需满足 GB 16889—2024 中的要求，方可进入生活垃圾填埋场处置。具体要求如下：

①含水率小于 30%；

②二噁英含量低于 3 μgTEQ/kg；

③按照HJ/T 300—2007制备的浸出液中危害成分浓度低于表8-7规定的限值。

表 8-7 浸出液污染物浓度限值

序号	污染物	浓度限值/（mg/L）
1	汞	0.05
2	铜	40
3	锌	100
4	铅	0.25
5	镉	0.15
6	铍	0.02
7	钡	25
8	镍	0.5
9	砷	0.3
10	总铬	4.5
11	六价铬	1.5
12	硒	0.1

根据《生活垃圾焚烧飞灰污染控制技术规范（试行）》（HJ 1134—2020），飞灰处理产物中重金属浸出浓度监测频次应不少于每日 1 次，飞灰处理产物中二噁英类的监测频次应不少于每 6 个月 1 次。

养护后的飞灰螯合物检测方案如下：

①每日自检 1 次。从今日养护完成的飞灰吨袋中随机抽取一个吨袋，取约 0.25 kg 飞灰螯合物作为样品进行重金属浸出浓度检测。

②第三方检测机构定期检测。每周一请有资质的第三方检测机构，从当日养护完成的飞灰吨袋中随机抽取一个吨袋，取约 0.25 kg 飞灰螯合物作为样品进行重金属浸出浓度检测。每 3 个月从当日养护完成的飞灰吨袋中随机抽取一个吨袋，取约 0.25 kg 飞灰螯合物作为样品进行二噁英类物质检测。

8.6 技术创新

8.6.1 HDPE 土工膜-膨润土复合墙

HDPE 土工膜-膨润土复合墙是一种采用高密度聚乙烯（HDPE）膜作为垂直防渗材料，基于将已经产生的污染或可能产生的污染物控制在限制的范围内的一种新型高效垂直防渗屏障系统，其最终目标是实现污染源的隔离与控制，实现生态环境的修复。

HDPE 土工膜-膨润土复合墙主要的防渗材料为高密度聚乙烯（HDPE）膜，在防渗系统中通过将高密度聚乙烯（HDPE）膜垂向插入相对隔水层中，进入相对隔水层深度至少 1.0 m，土工膜侧面配有连接锁扣，并在底部灌充不低于 2 m 高的高效密封材料，共同构成垂直防渗屏障系统，将污染物控制在限制范围内（图 8-8）。

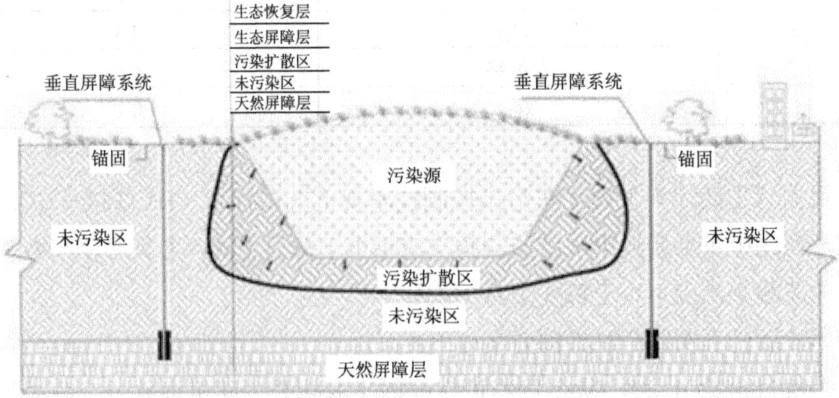

图 8-8 HDPE 土工膜-膨润土复合墙示意图

8.6.2 HDPE 土工膜-膨润土复合墙技术关键点

HDPE 土工膜-膨润土复合墙整体的渗透系数低于 1.0×10^{-7} cm/s，且由于 HDPE 膜因其优异的物理化学性能——耐酸碱腐蚀、抗老化、防渗性能优越、伸缩性能及耐水溶性好、抗拉抗压、使用寿命长等，被广泛应用于各个领域的环境保护措施中，HDPE 土工膜-膨润土复合墙的低渗透性和连接的完整性是其他防渗墙难以达到的。

HDPE 土工膜-膨润土复合墙单元膜体与膜体之间采用连接锁扣连接，锁扣之间镶嵌高倍率膨胀止水芯，膨胀倍率可达到 700%；HDPE 土工膜-膨润土复合墙底部与相对隔水层连接处采用高分子耦合防绕渗密封剂进行密封。

HDPE 土工膜-膨润土复合墙墙体内的 HDPE 膜可以随着土体的变形而发生相应的较大的变形和拉伸，保持整体的完整性，防渗墙主体材料 HDPE 土工膜执行 GB/T 17643—2011 中土工合成材料聚乙烯土工膜的要求，材料质量可控。

HDPE 土工膜的持久性受多种因素影响，其老化过程主要取决温度波动、紫外线辐射、张力波动、物理侵蚀和化学侵蚀，一旦防渗墙建设完成后，前 4 种因素的影响往往不会发生，化学侵蚀则起到关键作用，而 HDPE 膜稳定性好，可耐受各种复杂化学环境和各种化学品。谢云峰等①认为，HDPE 膜耐受各种复杂化学环境，抗腐蚀性强，理论使用寿命可以达到 300 年，HDPE 土工膜最早应用于工程实践至今约 70 年。

HDPE 土工膜-膨润土复合墙技术成熟，应用领域较广，国内应用较多，江苏、湖南、云南、湖北、新疆等地的 20 余个高标准项目采用了此项阻隔技术，涉及领域（如危险废物填埋场、石油化工污染场地、生活垃圾填埋场等）也较多。

同时，采用电法检测可以在施工过程中和竣工完成后对整个 HDPE 垂直防渗系统进行完整性检测，对垂直防渗系统进行系统评价，确保整个防渗系统没有漏点。HDPE 土工膜-膨润土复合墙的施工质量可精确检测性和可视化性是其他任何垂直防渗技术难以达到的。

结合填埋场的渗漏现状及地下水的渗流风险，在填埋场地下水下游（西北方

---

① 谢云峰，曹云者，张大定，等. 污染场地环境风险的工程控制技术及其应用[J]. 环境工程技术学报，2012，2（1）：51-59.

向）相对隔水层微风化玄武岩以上岩土层为渗滤液主要积存、迁移通道，采用“HDPE 土工膜-膨润土复合墙”进行污染阻隔，HDPE 土工膜-膨润土复合墙进入微风化玄武岩 2.0 m。同时，在微风化玄武岩以下至微风化玄武岩之间采用帷幕灌浆技术，封堵风化玄武岩孔隙，阻隔下渗渗滤液的继续迁移。在填埋场地下水上游（东南方向）来水方向设置帷幕灌浆屏障，削减进入填埋场底部的来水量，减少污染地下水抽提处理量。

9 数字孪生应用

9.1 数字孪生的定义

生态环境领域数字孪生是以物理场景为单元、时空数据为底座、数学模型为核心、环境知识为驱动，对物理场景全要素和生态环境治理管理活动全过程进行数字映射、智能模拟、前瞻预演，与物理场景同步仿真运行、虚实交互、迭代优化，实现对物理场景的实时监控、应急预警、优化调度的新型基础设施。

9.2 数字孪生建设目标

按照“需求牵引、应用至上、数字赋能、提升能力”的要求，以数字化、智能化为主线，以数字化场景、智慧化模拟、精准化决策为路径，在生态环境“一张图”基础上构建统一的数据底板，升级扩展三维展示、数据融合、分析计算、动态场景等功能，建设完善数字孪生基座、提升信息化基础设施能力，建成生态环境流域数字孪生平台，实现与物理场景同步仿真运行、虚实交互、迭代优化，支撑“四预”（预报、预警、预演、预案）功能实现和“2+N”智能应用运行，加快构建智慧生态环境体系，提升生态环境治理决策与管理的科学化、精准化、高效化能力和水平，为新阶段生态环境高质量发展提供有力支撑和强力驱动。

9.3 数字孪生技术框架

智慧生态环境由数字孪生、业务应用、网络安全体系、保障体系等组成。其中，生态环境领域数字孪生是智慧生态环境建设的核心与关键，包括数字孪生平台和信息化基础设施。数字孪生是物理空间在数字空间的映射，通过数字孪生平台和信息基础设施实现与物理空间同步仿真运行、虚实交互、迭代优化。

9.4 数字孪生预期效果

以项目全生命周期生态环境大数据为基础，打造基于“GIS+BIM+IOT+AI”的数字孪生体，构建一种组织的高频、多中心、短链路决策机制，数字化赋能监管部门在填埋场环境风险中实现快速应急预警、指挥调度、智能决策与溯源追踪，提升监管时效性，从以往被动响应逐步转变为全域协同治理、智能预警，实现污染物精准识别和源头防控。

①实景三维还原，实现颜春岭垃圾填埋场三维数字化展示。以 GIS 系统为基础框架，融合实景三维模型、BIM 模型、激光点云等多源异构数据，集成虚拟现实（VR）、增强现实（AR），结合三维可视化引擎，真实刻画空间细节，打造精准、动态、可视化的数字场景，形成填埋场实景三维（GIS+BIM+IOT）电子沙盘模型，包括填埋场堆体、筛分处置车间、好氧稳定化系统、三维地质体、地下水污染物浓度空间分布等，形成“一张图”看全局，实现对重点区域整体现场的全景、实时、多角度监控，实现场地水文地质条件与地下水污染空间分布的形象化描述，虚拟线上融合共生。可对不同阶段的施工进度进行对比，对施工工序进行模拟优化，提高效率。

②消除数据孤岛，实现全要素数字化联动。构建水、大气、土壤、固体废物生态联动的三维可视化平台，无论是摸清家底，还是管理跨部门协同，都需要消除数据孤岛，实现全域全要素数字化多源信息生态联动，并建立信息之间的关联，

再现填埋场全景、全周期变化和内在关系。以数据的自动流动化解复杂系统的不确定性，提高资源配置效率，构建生态环境治理新型竞争优势，解决全局优化需求和碎片化供给之间的矛盾。

③融合物联网技术，实现生态环境治理实时动态化监管。以往静态的信息展示已经无法满足生态环境动态管理的时效性要求，常态化的低频决策机制不能适应环境突发事件中的高频决策需求。通过对填埋场建立“空-天-地”一体化模型，以自动监控为非现场监管主要手段，推行视频监控和在线监测等物联网监管手段，实现全覆盖、全天候、全自动监测，真正做到既无时不在又无事不扰，可逐步实现重点监管安全非现场智能化监管。以“GIS+BIM+IOT+AI”构建组织的高频、多中心、短链路决策机制，数字化赋能监管部门在可能发生的环境风险中实现快速应急预警与辅助决策。无人机自动起降机场结合多种传感器及智能算法，通过数字孪生监管平台进行日常巡检和应急指挥调度，突破地形限制，降低事故风险。

④集成多源数据，实现污染模拟与预测预警。基于历史及实时数据和先进的类脑智能算法，在数字世界对物理对象的状态和行为进行高效反映，通过三维模型展示污染物空间分布规律和发展变化趋势，实现污染物精准识别与溯源追踪。对填埋场污染发展态势能够推演，对污染事件能够进行预警，对复杂问题能够进行研判，做到事前预警、事中应急、事后溯源。

⑤建立数字化档案，支撑填埋场环境管理决策。结合实景三维模型和虚拟现实，为填埋场环境管理提供基础信息和依据，可完整记录施工过程中各阶段的状况，用于教育实践基地的教学工作。